Christian Freynik
Oliver Drewes

DIE BARTAGAME, ZWERGBARTAGAME & AUSTRALISCHE TAUBAGAME

Pogona henrylawsoni

Freynik, Christian / Drewes, Oliver:
DIE BARTAGAME, ZWERGBARTAGAME & AUSTRALISCHE TAUBAGAME
Meckenheim: VIVARIA Verlag 2011
ISBN 978-3-9813176-4-0

Die Ratschläge und Anleitungen in diesem Buch wurden von den Autoren nach bestem Wissen niedergeschrieben und vom Verlag und seinen Beauftragten sorgfältig geprüft. Dennoch kann eine Garantie nicht übernommen werden. Eine Haftung der Autoren beziehungsweise des Verlages und seiner Beauftragten für Personen-, Sach- und Vermögensschäden ist ausgeschlossen. Ausgeschlossen ist ebenso die Haftung für Schäden, die aus der Verwendung von in diesem Buch empfohlenen Produkten resultieren könnten.

Layout und Satz: Oliver Drewes, 53340 Meckenheim
Zeichnungen: Vogelsang Werbegrafik, 53127 Bonn
Lektorat: Wort & Text, 50374 Erftstadt

www.vivaria-verlag.de

VORWORT

Dieses Buch basiert auf der Publikation „Die Zwergbartagame" von Christian Freynik, das auf seinen langjährigen Erfahrungen in der Haltung der Art gründet. Zwergbartagamen erfreuen sich immer größerer Beliebtheit und sind mittlerweile ein fester Bestandteil der angebotenen Arten in der Terraristik. Von allen Bartagamenarten schätzte HAUSCHILD (2000b) im Jahr 2000 den Anteil von *Pogona henrylawsoni* in Deutschland noch auf stabile 5 %. Dieser Anteil dürfte in den letzten zehn Jahren jedoch deutlich gestiegen sein, was sich unter anderem an diversen Angeboten in Anzeigenblättern und im Internet zeigt. Die Nachfrage nach Zwergbartagamen ist weitestgehendst durch Nachzuchten gedeckt, sodass man sich an diesen agilen, äußerst attraktiven Agamen erfreuen und ihr Verhalten bei guter Haltung über 10 Jahre lang studieren kann.

Vier Jahre nach Erscheinen der Monographie über *Pogona henrylawsoni* entschied sich der Verleger Oliver Drewes gegen eine dritte Auflage. Stattdessen zur Ausweitung des Buches um die weitaus verbreitetere, größere Art *Pogona vitticeps* und einen weniger bekannten, aber aufgrund der geringen Größe besonders für kleinere Terrarien geeigneten Vertreter einer anderen Agamengattung, *Tympanocryptis tetraporophora*. Damit werden drei ähnlich zu haltende, unterschiedlich große Agamen für unterschiedlich große Terrarien in einem Buch zusammengefasst. Die beschriebenen Agamen unterliegen in Deutschland keinerlei Artenschutzbestimmungen, sodass behördliche Meldungen nicht erforderlich sind.

Trotz der Beliebtheit und Verbreitung der beschriebenen Arten sind Freilandbeobachtungen rar und beschränken sich auf wenige veröffentlichte Informationen. In diesem Buch fügen Christian Freynik und Oliver Drewes ihre Erfahrungen aus der Terrarienhaltung mit ihren Recherchen aus der herpetologischen Literatur zusammen. Die Autoren wünschen dem Leser viel Vergnügen und hoffen, damit zu einer erfolgreichen Haltung und Zucht beitragen zu können.

Christian Freynik / Oliver Drewes
Berlin / Meckenheim, im März 2011

INHALTSVERZEICHNIS

Pogona vitticeps

Bartagamen, hier abgebildet *Pogona vitticeps*, beeindrucken durch ihre Zutraulichkeit, ihre aufstellbaren Kehlstacheln und ihre imposante Größe von bis zu 60 cm.

Australische Taubagamen *T. tetraporophora*, umgangssprachlich auch kleine Brüder der Bartagamen genannt, begeistern durch geringe Größe von 14 cm, Lebendigkeit und wenig scheues Wesen.

FAMILIE & GATTUNG

Innerhalb der Echsenunterordnung gehören *Pogona vitticeps, Pogona henrylawsoni* und *Tympanocryptis tetraporophora* zur Familie der Agamen (*Agamidae*), welche insgesamt 373 Arten in 56 Gattungen (BARTS & WILMS 2003) umfasst. Sie gehören mit den Chamäleons (*Chamaeleonidae*) und Leguanen (*Iguanidae*) zur Zwischenordnung der Leguanartigen (*Iguania*). Agamen sind das altweltliche Gegenstück zu den neuweltlichen Leguanen. Sie kommen also in Europa, Afrika (außer Madagaskar), Asien, Australien und auf der pazifischen Inselwelt vor. Äußerlich oft schwer von Leguanen zu unterscheiden, gibt die hintere Bezahnung Aufschluss über die Klassifikation. Im Gegensatz zu den Leguanen, deren Bezahnung einzeln auf den Kiefern sitzt (pleurodont), sind bei Agamen die hinteren Zähne fest mit dem Kiefer verbunden (akrodont). Bei einem Verlust wachsen nur die vorderen Zähne nach. 1830 kannte man nur eine Sammelgattung *Amphibolurus* (WAGLER 1830), die alle australischen Agamen ohne morphologisch auffällige Merkmale zusammenfasste: Agamen mit langen, dünnen, peitschenähnlichen Schwänzen. Die Australierin BADHAM erkannte jedoch 1976 die Besonderheiten dieser Tiere, woraufhin sie zum Beispiel alle Bartagamen der *Amphibolurus barbatus*-Gruppe zuordnete. Erst 1982 wurden Bartagamen dann der eigenen, neuen Gattung *Pogona* (STORR 1982) zugeordnet. Kennzeichen der Gattung sind eine durchschnittliche Anzahl von 24 Präsacralwirbeln, vor dem Beckenbereich angeordnete Wirbel, das verlängerte Zungenbein und das Vorhandensein von zwei oder mehr Schuppen zwischen den Präanofemoralporen (MÜLLER 2005). Noch heute durchläuft diese Gattung taxonomische Revisionen. Nach BADHAM (1976), WELLS & WELLINGTON (1985) und COGGER (2000) werden die acht Arten *P. barbata, P. henrylawsoni, P. microlepidota, P. mitchelli, P. minima, P. minor, P. nullarbor* und *P. vitticeps* unterschieden. STORR (1982) stellte *P. minima* und *P. mitchelli* als Unterart zu *P. minor.* Dieser Einordnung folgen auch WILLSON & KNOWLES (1988) sowie WITTEN (1994a, 1994b). Untersuchungen zeigen nicht nur deutliche Unterschiede in der Beschuppung der Insel- und der Festlandform von *P. minima* (WITTEN 1994a), sondern auch starke Ähnlichkeit der Festlandform von *P. minima* mit *P. minor* (WITTEN 1994b). Berücksichtigt man darüber hinaus noch eine mit durchschnittlich nur 17,5 cm Kopf-Rumpf-Länge

7

kleine Population von *P. vitticeps* in der Big Desert im westlichen Victoria (WITTEN & COVENTRY 1990), könnte die Gattung *Pogona* noch so einige Überarbeitungen erfahren. Aus der Natur, wo sich die Verbreitungsgebiete von *P. vitticeps* einerseits mit dem von *P. barbata* und andererseits mit dem von *P. henrylawsoni* überschneiden, sind keine „Übergangsformen" bekannt (MÜLLER 2010). Aus der Terrarienhaltung sind jedoch Kreuzungen bekannt, deren Verbreitung abzulehnen ist, da sie die Erhaltung reiner Arten gefährden. BADHAM (1971) kreuzte mit Schlupferfolg *P. vitticeps* mit *P. barbata*. GRIESSHAMMER (pers. Mitteilung in MÜLLER 2010) kreuzte mit mehreren Nachfolgegenerationen *P. nullarbor* mit *P. henrylawsoni*. In den USA wird unter der Bezeichnung „Vittikins" eine etwa 30 cm lange (GL) Hybrid-Form zwischen *P. henrylawsoni* und *P. vitticeps* vertrieben, die auf die amerikanische Züchterin Marcia RYBAK zurückgeht (HAUSCHILD & BOSCH 1997).

Pogona vitticeps wurde erstmals von AHL 1926, noch unter der Bezeichnung *Amphibolurus vitticeps,* beschrieben. Der heute gültige Gattungsname leitet sich dabei aus dem griechischen Wort „Pogon" („Bart") ab. ***Pogona henrylawsoni*** wurde nach dem australischen Dichter und Philo-

sophen Henry Lawson benannt. Der Artname *P. henrylawsoni* war jedoch lange Zeit umstritten. Am 05.01.1978 fingen HUSBAND & SAUER 118 km westlich von Richmond/Queensland den Holotypus, beschrieben ihn aber nicht wissenschaftlich. Er wird im Australian Museum in Sydney unter der Nummer R 116984 (Field No. 16814) aufbewahrt. Mit der ersten Einfuhr nach Europa (1982) wurde die Art dann zunächst der Gruppe der *Amphibolurus* zugeordnet.

Noch 1992 sprechen MANTHEY & SCHUSTER in einem Kurzportrait über Zwergbartagamen von *Pogona sp.* und machen auf den in Deutschland häufig falsch verwendeten, nicht gültigen Namen *Amphibolurus rankini* aufmerksam, der über Jahre als Synonym Verwendung fand. Der Name *Pogona (Amphibolurus) rankini* ist auf eine Arbeit von WELLS & WELLINGTON (1983) zurückzuführen, die Bezug auf COGGERS (2000) veröffentlichte Checkliste der Australischen Reptilien und Amphibien nimmt. Neben vielen Neubeschreibungen werden auch die sieben bekannten Bartagamenarten aufgeführt. Unmittelbar darauf folgt „*Rankinia gen. nov.*". Hiermit beginnt eigentlich die Neubeschreibung der Gattung *Rankinia*. Der oberflächliche Leser glaubte, in der nur nach Familien untergliederten Fließtextarbeit

8

eine achte Bartagamenart entdeckt zu haben. Erst 1985 erfolgte schließlich durch Wells & Wellington eine formelle, wissenschaftliche Beschreibung mit Vergabe des Artnamens *Pogona henrylawsoni*, obwohl die Art vorher bereits seit vielen Jahren der australischen wie auch der weltweiten Herpetologie bekannt war. Ihr Werk „A Classification of the Amphibia and Reptilia of Australia" stieß in der herpetologischen Szene auf großen Widerspruch (siehe hierzu auch *Hoser* 2007).

1994 schließlich veröffentlicht Witten einen Artikel, in dem er auf Fehler in der Arbeit von Wells & Wellington (1985) hinweist und zugleich den angeblichen Verlust des Holotypus durch das Australian Museum nutzt. In der Annahme, der Artname *P. henrylawsoni* sei ungültig, beschreibt er daraufhin anhand eines in der Nähe von Croydon gefangenen Exemplars in seiner Arbeit „Taxonomy of Pogona" (1994) die Art *Pogona brevis* (brevis = kurz). Die angeblichen Fehler in der Arbeit von Wells & Wellington (1985) stellten sich jedoch ebenso als Irrtum heraus wie der Verlust des Typus-Exemplars aus dem Australian Museum (Shea 1995, Shea & Sadlier 1999). Der Artname *Pogona brevis* erlangte daher keine Gültigkeit und gilt ebenfalls als Synonym. Die

Klassifikation von Wells & Wellington (1985) setzte sich trotz alledem nur langsam durch. So ist es nicht verwunderlich, wenn man auch heute noch bei der Suche nach *P. henrylawsoni* die Synonyme *P. brevis*, *Amphibolurus rankini*, bzw. *P. rankini* einbeziehen muss. Im deutschsprachigen Raum ist *P. henrylawsoni* als Zwergbartagame, seltener als Lawsons oder Schwarzerde-Bartagame bekannt. Im Englischen werden die Tiere der Gattung *Pogona* im Allgemeinen als Bearded Dragons bezeichnet. Sucht man speziell nach *P. henrylawsoni*, so wird man unter den Trivialnamen Lawson's Dragon, Dumpy Dragon, Rankin's Dragon, Dwarf Bearded Dragon oder Black Soil Dragon fündig.

Ihre Bedeutung als Terrarientiere erlangten die Zwergbartagamen erst Anfang der 1980er Jahre. Trotz sehr strenger australischer Auflagen zum Schutz der nativen Artenvielfalt gelangte 1982 mindestens ein Pärchen der bis dahin namenlosen Art nach Deutschland. Der Diplom-Biologe Rudolf Wicker (Exotarium Frankfurt) nahm diese Tiere wegen einer drohenden Legenot des hochträchtigen Weibchens an sich. Aus den 24 in Folge abgesetzten Eiern schlüpften 22 Jungtiere, die noch unter dem Synonym *Amphibolurus rankini* das Licht der Welt erblickten. In den fol-

9

genden Jahren wurden alleine von diesem Pärchen über 300 Jungtiere nachgezogen. Die Gelege umfassten durchschnittlich etwa 20 Eier bei einer Schlupfrate von 95 %. Ein Teil der Jungtiere gelangte auch nach Nordamerika (pers. Mitteilung Wicker). Nach nunmehr einem Vierteljahrhundert Zucht wäre eine Lockerung der in Australien geltenden Gesetze zum Schutz von Flora und Fauna wünschenswert. So würde eine internationale Exporterlaubnis den Genpool der Terrarienbestände positiv auffrischen, zumal *Pogona henrylawsoni* in einigen australischen Bundesstaaten legal gehalten wird.

Tympanocryptis tetraporophora, erstmalig beschrieben von Lucas & Frost 1895, gehört mit den sieben weiteren Arten *T. cephalus*, *T. houstoni*,

Tympanocryptis tetraporophora

T. intima, T. lineata, T. parviceps, T. pinguicolla und *T. uniformis* zur Gattung der kleinsten Agamen Australiens (Ackermann & Fritz 2006). Ihren wissenschaftlichen Namen bekamen die Tiere, da sie keine sichtbaren Ohröffnungen haben. Tympanocryptis bedeutet aus dem Griechischen übersetzt „verborgenes Trommelfell". Im Englischen wird *Tympanocryptis tetraporophora* auch Long-tailed Earless Dragon genannt. Damit wird auf das überproportionale Verhältnis hingewiesen, dass die Schwanzlänge über die Hälfte der Gesamtlänge der Agame ausmacht. Mangels eines Holotypus, dem namenstragenden Exemplar bei der Aufstellung der Art, findet sich in der Literatur nur eine Angabe zum Lectotypus (Cogger, Cameron & Cogger 1983), dem im Nachhinein als namenstragenden-Typus bestimmten Exemplar. Dieses wird mit Fundort Adminga oder Dalhousie in South Australia, 1970 bestimmt von A. J. Coventry, angegeben und im National Museum in Victoria aufbewahrt. Bei Adminga dürfte es sich nach Vermutung von Oliver Drewes um Abminga handeln, was von Cogger et altera schon falsch übernommen worden sein müsste. Diese Annahme wurde vom Museum (schriftliche Mitteilung) als höchstwahrscheinlich richtig bestätigt.

FAMILIE & GATTUNG

VERBREITUNG & LEBENSRAUM

Bartagamen **Pogona vitticeps** sind in den fünf australischen Bundesstaaten Northern Territory, Queenland, South Australia, New South Wales und dem äußersten Nordwesten von Victoria verbreitet.

Zwergbartagamen **Pogona henry-lawsoni** sind nur im zentralen und nordwestlichen Teil des Bundes-staates Queensland sowie in nahe

gelegenen Teilen des Northern Ter-ritory, welches vom Habitat her ähn-lich ist, endemisch. Das Verbreitungs-gebiet in Queensland (QLD) erstreckt sich von Croydon im Norden bis Augathella im Süden (WILSON 2005), vom Lake Buchanan im Osten (KÖH-LER, GRIESSHAMMER & SCHUSTER 2003) bis in den Bundesstaat Northern Ter-ritory (NT) im Westen (HOSER 1997). Fundorte in QLD sind nach HAUSCHILD & BOSCH (2003) Hughenden, Mutta-burra, Longreach und Aramac; nach

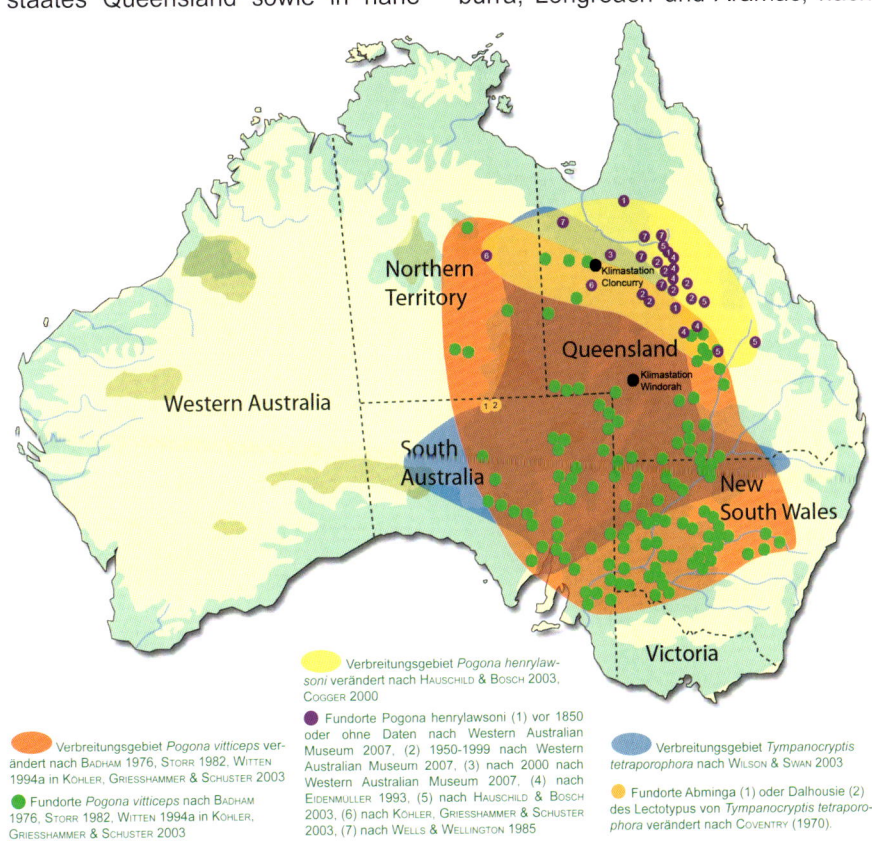

VERBREITUNG & LEBENSRAUM

HABITATKLIMA

Verbreitungsgebiet *Pogona henrylaw-soni* verändert nach HAUSCHILD & BOSCH 2003, COGGER 2000

Verbreitungsgebiet *Pogona vitticeps* ver-ändert nach BADHAM 1976, STORR 1982, WITTEN 1994a in KÖHLER, GRIESSHAMMER & SCHUSTER 2003

Fundorte *Pogona vitticeps* nach BADHAM 1976, STORR 1982, WITTEN 1994a in KÖHLER, GRIESSHAMMER & SCHUSTER 2003

Fundorte Pogona henrylawsoni (1) vor 1850 oder ohne Daten nach Western Australian Museum 2007, (2) 1950-1999 nach Western Australian Museum 2007, (3) nach 2000 nach Western Australian Museum 2007, (4) nach EIDENMULLER 1993, (5) nach HAUSCHILD & BOSCH 2003, (6) nach KÖHLER, GRIESSHAMMER & SCHUSTER 2003, (7) nach WELLS & WELLINGTON 1985

Verbreitungsgebiet *Tympanocryptis tetraporophora* nach WILSON & SWAN 2003

Fundorte Abminga (1) oder Dalhousie (2) des Lectotypus von *Tympanocryptis tetraporo-phora* verändert nach COVENTRY (1970).

11

WELLS & WELLINGTON (1985) Gregory Downs sowie Gebiete 17,5 km nördlich von Rimbanda, 42 km südöstlich von Winton, 118 km westlich von Richmond (von hier stammt der Holotypus dieser Art) und 55 km westlich von Richmond. EIDENMÜLLER (persönliche Mitteilung) konnte 1993 die meisten Zwergbartagamen in QLD auf der 364 km langen Strecke von Winton nach Boulia beobachten. Weiterhin fand er einige Exemplare in der Nähe von Barkly Homestead am Tableland Highway, etwa 440 km westlich von QLD im NT (Barkly Tableland) gelegen. Hier kamen die Zwergbartagamen nur auf den Böden der weiter unten beschriebenen Black Soil Plains vor. Sobald sich die Bodenbeschaffenheit ändert, dies geschieht etwa 200-250 km in Richtung QLD, war nur noch *Pogona vitticeps* anzutreffen. EHMANN (1992) schätzt das Verbreitungsgebiet von *P. henrylawsoni* in QLD auf eine Fläche von 200.000 km², wobei er die Populationsdichte als gering einstuft. Hier leben die Agamen auf den so genannten Schwarzerdeböden (Black Soil Plains). Während längerer Trockenperioden neigen die schwarzen und braunen Böden zur Bildung von Trockenrissen und Spalten. Dieser semihumide Lebensraum ist kennzeichnet durch eine steinige Landschaft, durchsetzt von niedrigen Büschen und wenigen Bäumen. Gräser wie das Mitchell-Gras (*Astrebla spp.*) und das Spinifex-Gras (*Triodia spp.*) prägen ihn. Aufgrund ihrer hohen Fruchtbarkeit werden die Schwarzerdeböden in Queensland als Weideland sowie für den Anbau von Weizen und Gerste genutzt. Ihre gute Nutzbarkeit für den Menschen ist auf die hohe Wasserkapazität und den guten Nährstoffaustausch zurückzuführen. Durch die landwirtschaftliche Nutzung werden die Zwergbartagamen in ihrem Lebensraum zurückgedrängt, aber nicht in ihrer Existenz bedroht. Als Fressfeinde kommen Vögel, verwilderte Katzen, Wildhunde, Füchse, Beutelsäuger, Echsen und Schlangen, wie etwa *Pseudechis colletti* (SHEA 1995), deren Verbreitungs-

Pogona henrylawsoni

gebiet sich interessanterweise mit dem der Zwergbartagame deckt, in Betracht. Bei Gefahr pressen sich die Tiere flach an den Untergrund, um so mit der Umgebung optisch zu verschmelzen oder fliehen in Erdspalten, Trockenrisse sowie ins dichte Buschwerk. In die Enge gedrängt zeigen sie typische Drohgebärden (TURNER & VALENTIC 1998). Im Gegensatz zu anderen Bartagamenarten, die oft auf Zaunpfählen oder anderen erhöhten Punkten beobachtet werden, ist *Pogona henrylawsoni* fast ausschließlich terrestrisch auf flachen Steinen oder Ästen anzutreffen (WITTEN 1994, TURNER & VALENTIC 1998).

Im Gegensatz dazu schreibt DIECKMANN (2007), dass Zwergbartagamen auf erhöhten Sitzplätzen wie Weidezäunen, Bäumen oder auch Termitenhügeln, Fressfeinde und Artgenossen aus großer Entfernung erspähen.
Australische Taubagamen *Tympanocryptis tetraporophora* sind in Savannen und Wüstensteppen vom äußersten Osten des Northern Territory, über große Teile des südwestlichen Queensland, über das nordwestliche New South Wales bis zum zentralen South Australia verbreitet, wo sie Erhöhungen in Form von Hügeln oder niedrigen Felsen zum Erspähen ihrer Beute und Artgenossen nutzen.

HABITATKLIMA

In den Habitaten der Bartagame, Zwergbartagame und Australischen Taubagame sind während der australischen Sommermonate Januar, Februar und März extreme Temperaturen von 40°C+ keine Seltenheit. Zu diesem Zeitpunkt zeigt die relative Luftfeuchtigkeit trotz maximaler Niederschläge ihr Minimum. Sehr extreme Außentemperaturen ebenso wie schlechte Witterung während des Tages überdauern die Tiere in ihren Verstecken. Hier

finden sie so genannte Mikrohabitate vor, in denen ein feuchtes und deutlich kühleres Klima herrschen kann. Die Aktivität während heißer Sommertage kann deshalb von den eigentlich tagaktiven Agamen in die Nacht hinein fortgesetzt werden (VALENTIC 1995). Die Grafiken der folgenden Seiten geben das Klima in den Verbreitungsgebieten der drei beschriebenen Arten wieder. Die sich in der Terrarienhaltung bewährten Temperaturen werden im Kapitel zur Terrarientechnik dargestellt.

Das natürliche Verbreitungsgebiet der Zwergbartagamen, siehe Seite 11, überschneidet sich in weiten Teilen mit dem der Bartagamen *Pogona vitticeps* und Australischen Taubagamen.

Pogona henrylawsoni werden im Englischen auch Black Soil Dragon genannt, da sie auf Schwarzerdeböden, das heißt in Übergangszonen zu Halbwüsten, zu finden sind.

Messungen, wie von der Klimastation Cloncurry*, dienen als Anhaltspunkt für die jahreszeitlichen Temperatur- und Feuchtigkeitsschwankungen im Terrarium.

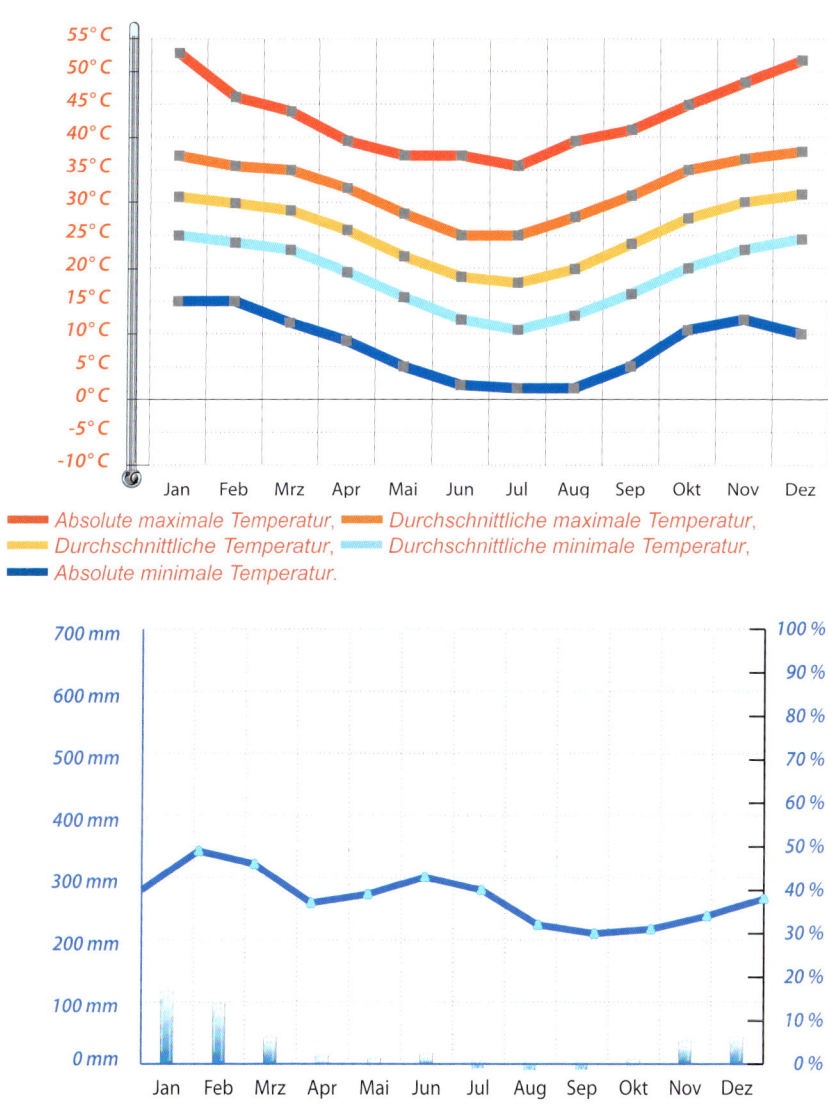

— *Absolute maximale Temperatur,* — *Durchschnittliche maximale Temperatur,*
— *Durchschnittliche Temperatur,* — *Durchschnittliche minimale Temperatur,*
— *Absolute minimale Temperatur.*

Durchschnittlicher Niederschlag in mm   *Durchschnittliche relative Luftfeuchtigkeit in %*

* Quelle: MÜLLER, M. (1996): Handbuch ausgewählter Klimastationen der Erde. Universität Trier, Forschungsstelle Bodenerosion.

15

In großen Teilen des riesigen Verbreitungsgebietes der Bartagamen *Pogona vitticeps*, siehe Seite 11, sind auch Australische Taubagamen zu finden.

Die Böden der semihumiden Zone im Verbreitungsgebiet der beschriebenen Arten neigen durch ihren Tonanteil zu Trockenrissen und sind durchsetzt mit Büschelgras.

Klimawerte, wie hier von der der Klimastation Windorah*, zeigen, wie die Luftfeuchtigkeit automatisch mit dem Sinken der Temperatur ansteigt.

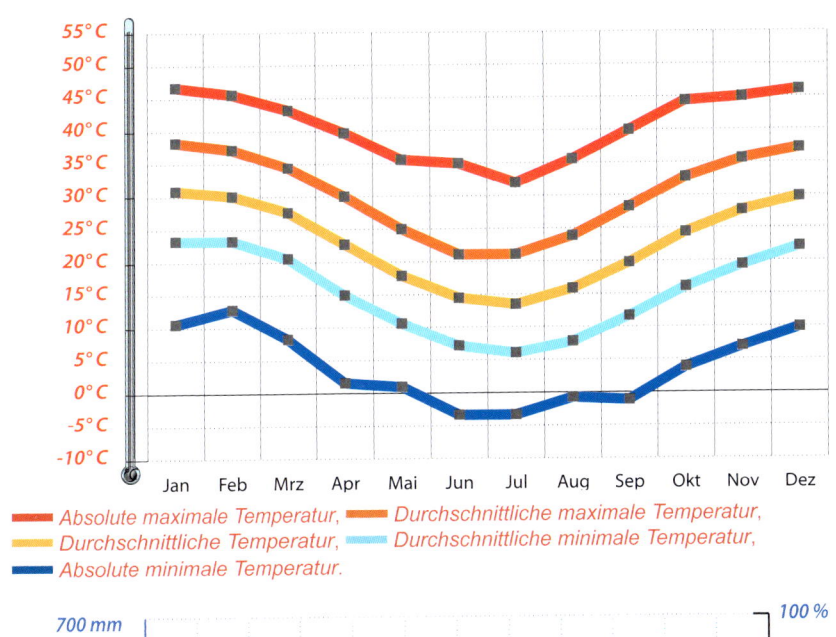

Absolute maximale Temperatur, *Durchschnittliche maximale Temperatur,*
Durchschnittliche Temperatur, *Durchschnittliche minimale Temperatur,*
Absolute minimale Temperatur.

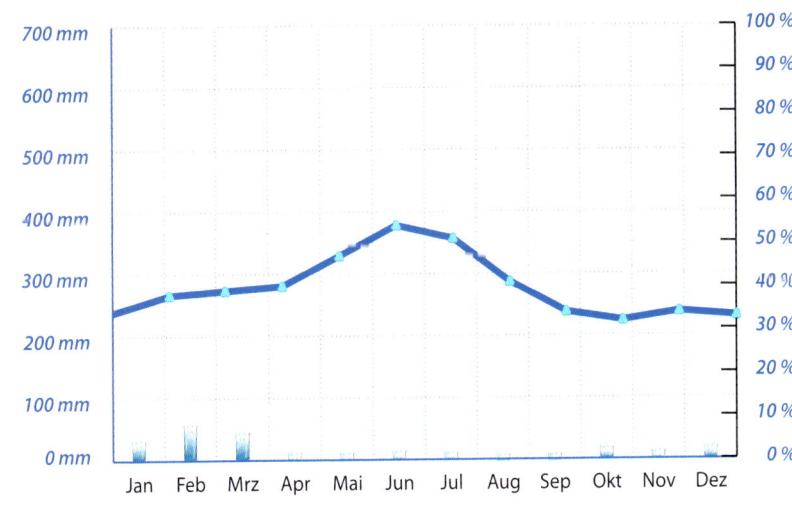

Durchschnittlicher Niederschlag in mm

Durchschnittliche relative Luftfeuchtigkeit in %

* Quelle: MÜLLER, M. (1996): Handbuch ausgewählter Klimastationen der Erde. Universität Trier, Forschungsstelle Bodenerosion.

17

Nur im äußersten Westen, Norden und Osten sind im Verbreitungsgebiet von *Tympanocryptis tetraporophora* nicht auch die anderen beiden beschriebenen Arten anzutreffen.

Steppen, an Wüsten grenzende Graslandschaften, und Savannen, mit widerstandsfähigen Gehölzen durchsetzte Buschlandschaften, sind die Heimat der drei beschriebenen Arten.

ANSCHAFFUNG

Auswahl

Hat man ausreichend Informationen gesammelt, um Bartagamen, Zwergbartagamen oder Australische Taubagamen auf Dauer artgerecht zu pflegen, so steht einer Anschaffung der Tiere grundsätzlich nichts mehr im Wege. Mit einer Lebenserwartung der Bartagamen von zehn Jahren und mehr, und immerhin fünf bis sechs Jahren der Australischen Taubagamen, sollte man sich bewusst sein, Verantwortung über einen längeren Zeitraum zu übernehmen. Vor dem Kauf muss das Terrarium betriebsbereit sein und über einen Zeitraum von mehreren Tagen auf Klimawerte und Funktion hin überwacht werden. Man sollte seine Pfleglinge allerdings mit Bedacht aussuchen und auch dem Umstand Rechnung tragen, dass man zumeist wenige Monate alte Jungtiere erwirbt, deren Geschlecht nicht sicher bestimmbar ist. Möchte man mehrere Tiere pflegen, kann es daher sein, dass man mehr als ein Männchen erwirbt. Diese müssen spätestens mit Erreichen der Geschlechtsreife getrennt werden. Möchte man sich über das Geschlecht der Tiere vor der Anschaffung im Klaren sein, so kann der Kauf erst zu einem Zeitpunkt erfolgen, ab dem das Geschlecht zweifelsfrei bestimmbar ist, also sicher erst nach Erreichen der Geschlechtsreife. In Kleinanzeigen oder wissenschaftlichen Arbeiten findet man oft z.B. folgende Angabe: „1,2,14 *Pogona henrylawsoni*". Die erste Ziffer kennzeichnet die Anzahl der Männchen, die zweite die der Weibchen, die dritte die der geschlechtsunbestimmten Zwergbartagamen. Beim Erwerb der Tiere sollten dann zuallererst die Haltungsbedingungen beim Anbieter überprüft werden. Folgende Punkte sollten hier beachtet werden:
• Ist ein Terrarium stark verschmutzt oder befinden sich darin offensichtlich kranke Tiere, so sollte vom Kauf bei dem entsprechenden Anbieter Abstand genommen werden.
• Durch die Haut sichtbare Knochen, wie die Wirbelsäule oder das Becken, ein Belag im Mund oder auf der Nase, unkoordinierte Bewegungsabläufe, eine unregelmäßige Atmung, eine eingefallene Schwanzwurzel, eingefallene Augen, eine unnatürliche Stellung oder Schwellung der Gliedmaßen sowie eine verschmutzte Kloake sind Gründe, sich gegen ein Tier zu entscheiden.

• Vollständig verheilte Wunden, wie fehlende Zehen oder Schwanzspitzen, brauchen kein Kaufhindernis zu sein, sondern stellen sicherlich nur einen Schönheitsfehler dar.

• Die Agamen sollten aufmerksam sein, wobei vermeintlich aktive und scheue Tiere „zahm" erscheinenden und ruhigen Individuen vorgezogen werden sollten.

Kein Kauf sollte aus Mitleid mit kranken Tieren erfolgen, und man sollte auch nicht gleich das erstbeste Tier auswählen. Es ist auf jeden Fall besser, einen höheren Preis für artgerechte und gesunde Pflege zu bezahlen, als ein kränkelndes, schlecht versorgtes „Schnäppchen" zu erwerben.

Transport

Hat man seinen Pflegling gefunden, so wird er idealerweise in einer Styroporbox transportiert. Styropor bietet sich als luftdurchlässiges, thermostabiles Material an. In der kalten Jahreszeit kann es notwendig sein, zusätzlich Wärmepads oder auch Wärmflaschen zu verwenden, um einer eventuellen Unterkühlung der Agame vorzubeugen. Empfehlenswert ist es, die Tiere einzeln, in der Größe des Tieres angepassten Behältnissen (zum Beispiel Faunaboxen oder Heimchendo-

sen), die mit Küchenrollenpapier ausgelegt werden, zu transportieren. Diese Behälter stellt man schließlich in die Styroporbox und sichert sie gegen Umstürzen. Jeder Transport sollte so schnell wie möglich erfolgen, da er für die Tiere immer Stress bedeutet. Längere Autofahrten stellen in der Regel kein Problem dar. Auf eine ausreichende Luftzufuhr ist zu achten.

Quarantäne

Als Quarantänebehälter, welcher der Überwachung neuer oder kranker Tiere dient und separat zum Hauptbecken betrieben wird, verwendet man ein spartanisch und hygienisch eingerichtetes Terrarium, das aber zugleich die Bedürfnisse der Tiere erfüllt. Durch die Quarantäne soll eine Übertragung nicht erkannter Erkrankungen und Parasiten des erworbenen Tieres auf den eventuell bereits vorhandenen Tierbestand verhindert werden. Außerdem können Krankheiten und ein Parasitenbefall unter hygienischen Bedingungen besser behandelt werden. Neu erworbene Tiere sollte man weitgehend in Ruhe lassen, um Stress zu vermeiden. Einige Exemplare können sich in den ersten Tagen ihrer Eingewöhnung zurückziehen, was kein Grund zur Besorgnis sein muss. Als Einrichtung kommen leicht zu säubernde Gegenstände in Frage; als Untergrund eignet sich Küchenrollenpapier. Über einen Zeitraum von mindestens 4 bis 8 Wochen werden die Tiere auf Krankheiten, Fressverhalten, auffällige Verhaltensweisen sowie auf ihren körperlichen Gesamtzustand hin beobachtet. Zur parasitologischen Untersuchung sollen – da nicht bei jedem Koten Parasiten ausgeschieden werden – mindestens 2 bis 3 Kotproben an eine entsprechende Untersuchungsstelle geschickt werden; man kann aber auch gleich einen reptilienkundigen Tierarzt aufsuchen. Fällt die Probe positiv aus, handelt man nach den Weisungen des Veterinärs. Am besten eignen sich für die Durchführung einer Quarantäne Terrarien aus Glas, da diese leicht zu säubern und desinfizieren sind. Hygienische Maßnahmen sollten peinlichst genau ausgeführt werden; so ist es selbstverständlich, dass Verunreinigungen sofort entfernt werden. Futterpinzetten oder -schalen sowie andere Utensilien werden nur für dieses Terrarium benutzt, um Übertragungen auf eventuell vorhandene andere Tiere zu vermeiden.

BESCHREIBUNG

Allgemeine Morphologie

Pogona vitticeps gehört mit *Pogona barbata* zu den größten Vertretern der Gattung. Zur namentlichen Unterscheidung nennt man letztere Art „Östliche Bartagame", erstere „Streifenköpfige Bartagame". Im allgemeinen Sprachgebrauch hat sich aber die vereinfachte Bezeichnung Bartagame für *Pogona vitticeps* durchgesetzt. Dies hat auch damit zu tun, dass die anderen Bartagamenarten, mit Ausnahme der Zwergbartagame, weitaus weniger bis gar nicht in deutschen Terrarien zu finden sind. *Pogona vitticeps* kann bei einer Gesamtlänge (GL) bis 55 cm eine Kopf-Rumpf-Länge (KRL) von bis zu 30 cm aufweisen. In Australien sind Gebiete mit kleiner bleibenden Populationen bekannt (MÜLLER 2005). Der Kopf der Bartagame ist verglichen mit den anderen sieben Vertretern der Gattung recht breit. Das charakteristische und namengebende Aufstellen der stacheligen Kehlregion („Bart") mit Hilfe des im Mundraum befindlichen Zungenbeins

Nachzuchten
der Bartagame
Pogona vitticeps
in geselliger Runde.

ist bei *P. vitticeps* stark ausgeprägt. Wie bei vielen australischen Agamen sind Lippenschilder und Zunge blass rosa gefärbt (HAUSCHILD & BOSCH 2003). Die relativ spitzen Zähne, die sich auf der Kieferoberkante befinden, wachsen bei einem Verlust nicht nach. Die Zähne werden mit zunehmendem Alter, vor allem im hinteren Kieferbereich, stumpfer. Dabei werden diese nicht zum Zermahlen oder Zerkauen, sondern zum Packen der Beute und Abreißen von Pflanzen benutzt. Bartagamen verschlingen wie alle Echsen ihre Nahrung am Stück. Das Gehör ist bei allen Bartagamen von sekundärer Bedeutung, wobei niedrige Tonfrequenzen besser wahrgenommen werden als hohe. Nach MÜLLER (2010) reagieren Jungtiere noch etwas stärker als adulte Tiere auf akustische Reize. Als tagaktive Tiere verlassen sich Bartagamen hauptsächlich auf ihre Augen. Selbst wenige Millimeter kleine Insekten werden noch im Abstand von mehreren Metern entdeckt (MÜLLER 2010). Aufgrund ihres guten Sehvermögens sind Bartagamen sogar befähigt, verschiedene Farben zu differenzieren; mit Sicherheit können Schwarz, Grau, Weiß, Gelb, Grün und Rot wahrgenommen werden (HAUSCHILD & BOSCH 2003). Medial auf der Schädeloberseite befindet sich bei Bartagamen

eine veränderte Schuppe, das Interparietalschild. Das innere, nach oben gerichtete Parietalauge liegt verborgen und dient zur Auswertung optischer Reize wie Helligkeit, eventuell auch zur Wahrnehmung von Bewegungen. Das Trommelfell ist durch die ovalen Ohröffnungen deutlich sichtbar, die von den oberhalb und seitlich der Mundwinkel gelegenen Stachelschuppen eingesäumt sind. Eine weitere Stachelschuppenreihe befindet sich am Hinterkopf im Nacken und seitlich entlang des Rumpfes. Angrenzend an die Kehlfalte liegt im Bereich des Schultergelenks eine Ansammlung einzelner Stachelschuppen. Die Grundfarbe ist Graubraun; manchmal populationsabhängig mehr gelb, orange bis rötlich. Abhängig von Temperatur und Erregungszustand kann sich die Färbung partiell in Gelborange verändern. Farbvarianten als Ergebnis gezielter Züchtung haben noch nicht die Bandbreite von Leopardgekkos oder Kornnattern erreicht, sind aber vor allem in den USA auf dem Vormarsch. Die beliebtesten Varianten dürften „Sandfire", bis zu tiefem Rot gefärbte Tiere, „Red Gold", ausgeprägte Gelb- bis Orangetöne, „Yellow", überwiegend gelbliche und „Pastell", sehr helle Tiere mit bläulichen Augenlidern sein. Die Liste der Bezeichnung geht von A wie „Aborigine Blood", B wie „Bloodred", C wie „Citrus", fast das ganze Alphabet bis Y wie „Yellow Red Desert" durch. Auch bei den Farbzüchtungen finden sich auf Rücken und Seiten verwaschen wirkende Flecken. Die Schuppen der Bartagame sind auf dem Rücken vergrößert. In der Mitte entlang der Wirbelsäule verlaufen sie regelmäßig, an den Flanken unregelmäßig. Die relativ kurzen Vorder- und Hinterbeine sind recht kräftig. Zum Klettern und Graben sind die Zehen mit kräftigen Krallen besetzt. Der gestreifte Schwanz weist etwas weniger als die Hälfte der Gesamtlänge auf. Bei einem Verlust des Schwanzes ist dieser bei Agamen nicht zur Regeneration befähigt, wie es bei einigen anderen Echsen zum Eigenschutz an einer Sollbruchstelle möglich ist (Autotomie).

Pogona henrylawsoni erreicht bei einer Gesamtlänge von bis zu 30 cm etwa die halbe Größe von *Pogona vitticeps*. Mit einer Kopf-Rumpf-Länge von 13-15 cm ist sie eine der kleineren Vertreter der Gattung *Pogona*. Das namengebende Aufstellen des Bartes ist bei *P. henrylawsoni* gar nicht, beziehungsweise nur sehr schwach ausgebildet. Ebenso ist die Fähigkeit des Dunkelfärbens der Kehlregion bei Erregung nicht so

stark vorhanden wie bei der voran beschriebenen Art. Lippenschilder und Zunge sind wie bei der Bartagame gefärbt, können aber auch leuchtend orange erscheinen (WELLS & WELLINGTON 1985). Die Kopfbestachelung der Tiere ist wenig ausgeprägt. Entgegen der für Bartagamen typischen dreieckigen Kopfform besitzen Zwergbartagamen von oben betrachtet eine eher rundliche. Der Körperbau ähnelt der voran beschriebenen Art. Die Grundfärbung reicht von einem hellen Grau über braun, bis zu orangefarbenen Nuancen. 5 bis 7 helle, ovale Flecken auf dem Rücken, die ineinander verlaufen können, bilden meist eine kontrastreiche Zeichnung. Einige Exemplare sind fast einfarbig und zeichnungslos. Ein dunkler, hell eingesäumter Streifen verläuft zwischen Auge und Ohr. Die graue Unterseite ist in der Kehle unregelmäßig gestreift. Am Bauch können sich dunkel umrandete Ozellen zeigen. Der gestreifte Schwanz ist kurz (etwa 17 cm) und weist im Vergleich zur Gattung die geringste Länge auf.

Tympanocryptis tetraporophora sind mit einer Gesamtlänge bis 14 cm und Kopf-Rumpf-Länge bis 6 cm etwas weniger als halb so groß wie *Pogona henrylawsoni*. Der stumpfschnäuzige Kopf weist kleine Augen auf, Nacken- und Rückenkämme sind nicht vorhanden. Der wissenschaftliche Name *Tympanocryptis* bedeutet nach dem griechischen Ursprung „verborgenes Trommelfell" und spielt darauf an, dass die Gattung keine sichtbare Ohröffnung aufweist. Der Körper der Art ist rötlich braun gefärbt, der Rumpf wirkt gedrungen, über den Rücken laufen in Querbändern angeordnete graubraune Flecken. Bei einzelnen Exemplaren finden sich längs über den Rücken drei feine weiße, unterbrochene Linien. Die Bauchunterseite ist cremefarben bis weißlich. Die Extremitäten sind feingliedrig, der Schwanz setzt sich deutlich vom Körper ab und ist grau bis hell bräunlich gebändert. Leider werden die Tiere noch relativ selten im Terrarium gepflegt, stellen aber durch Größe, Lebendigkeit und ihr wenig scheues Wesen ideale Pfleglinge für kleine Trockenterrarien dar. Weil die Haltung nicht schwierig ist, eignen sie sich auch für wenig erfahrene Terrarianer.

Die Haut von Echsen besteht aus mehreren Schichten. Während ständig neue Hautzellen entstehen, ist die äußerste Schicht verhornt und bildet die Beschuppung. Da sie nicht mitwachsen kann, muss sie in regelmäßigen Abständen abgestoßen werden. Während die Farben der Tiere vor der Häutung verblassen, sieht die frische Haut anschließend umso leuchtender aus.

Geschlechts-bestimmung

Bartagamen und Zwergbartagamen weisen keinen sonderlich stark ausgeprägten Geschlechtsdimorphismus auf. Es ist deshalb nicht immer ganz einfach, das Geschlecht der Tiere zu bestimmen. Bei der Betrachtung des Kloakenbereichs lässt sich jedoch ein Rückschluss auf das Geschlecht ziehen. An den Schenkelinnenseiten verlaufen die punktförmigen, sogenannten Femoral- oder Schenkelporen (Drüsenöffnungen), mit denen die Agamen für den Menschen nicht wahrnehmbare Duftmarken setzen können. Bei Männchen, besonders zur Paarungszeit, sind die Poren größer und deutlicher ausgeprägt als bei den Weibchen. Am besten lässt sich das Geschlecht durch einen Vergleich mehrerer geschlechtsreifer Tiere gleichen Alters bestimmen. Zur Geschlechtsbestimmung hebt man den Schwanz vorsichtig in Kopfrichtung zum Tier und wirft einen Blick auf die Schwanzbasis vor der Kloake. Beim Männchen zeichnet sich hier rechts und links deutlich das paarige Geschlechtsorgan (Hemipenes) durch zwei Wölbungen ab. Beim Weibchen fehlen diese Hemipenestaschen, stattdessen liegt hier eine mittig nach außen gerichtete

Wölbung. In ihrer Gestalt sind Weibchen meist größer und wirken in ihrer Körperform gedrungener. Neben der oben erwähnten Methode kann man die Geschlechter auch durch die Beobachtung des Verhaltens geschlechtsreifer Bartagamen differenzieren. Männchen untereinander zeigen ein starkes Territorialverhalten und sind unverträglich. Weibchen unterwerfen sich den balzenden Männchen durch typische Beschwichtigungsgesten, wie das „Armwinken" oder ein langsames „Kopfnicken". Die Geschlechtsbestimmung anhand des Verhaltens ist jedoch keine sichere Methode, oft aber sehr aufschlussreich. Bei Jungtieren lassen anatomische und verhaltensspezifische Merkmale keine oder nur sehr ungenaue Rückschlüsse über das Geschlecht zu, auch wenn einige Züchter behaupten, wenige Tage alte Jungtiere zweifelsfrei einem Geschlecht zuordnen zu können. Zweifelsfrei lässt sich das Geschlecht erst mit Eintreten der Geschlechtsreife im Alter von etwa einem Jahr bestimmen.

Bei den zur gleichen Familien gehörenden **Australischen Taub-agamen** verhält es sich mit der Geschlechtsunterscheidung gleich. Auch hier sind die Männchen am besten durch die vorgewölbten Hemipenestaschen an der verdickten Schwanzwurzel zu erkennen. Während der Trächtigkeit sind die Weibchen der Taubagamen allerdings einfacher zu identifizieren, dann färben sich nämlich ihr Hinterkopf und die Kopfseiten markant grau.

Bei geschlechtsreifen männlichen wie hier bei *Pogona henrylawsoni* sind die längs in Schwanzrichtung verlaufenden Auswölbungen der Hemipenestaschen gut zu erkennen. Parallel zur Kloakenspalte verläuft eine Kuhle.

Bei geschlechtsreifen Weibchen ist, wie hier bei der Zwergbartagame, eine Auswölbung parallel zur Kloakenspalte erkennbar.

27

Bartagamen, Zwergbartagamen und Australische Taubagamen hält man einzeln, mit einem oder besser zwei Weibchen in ausreichend großen Terrarien.

Bartagamenmännchen sind in der Natur revierbildende Einzelgänger und in Terrarien gemeinsam nicht zu halten.

VERHALTEN

Allgemeine Verhaltensweisen

Bartagamen, Zwergbartagamen und Australische Taubagamen sind tagaktive Tiere, die ständig im Terrarium zu beobachten sind. Neugierig werden Gegenstände, Artgenossen, Futter oder auch Menschen durch „Züngeln" erforscht. Dieses Verhalten zeigt sich auch gegenüber bekannten Gegenständen, so z.b. nach der Säuberung des Terrariums, wenn die Tiere wieder eingesetzt werden. Dabei werden mit der Zunge aufgenommene Duftstoffe zu dem im Munddach befindlichen Jacobsonschen Organ geleitet und über spezielle Rezeptoren verarbeitet. Anders als Schlangen, die sehr häufig züngeln, nutzen Zwergbartagamen dieses Geruchsorgan nur sporadisch. Die recht friedfertigen Echsen halten sich gern auf Aussichts- oder Wärmeplätzen auf, können aber auch sehr flink durchs Terrarium sprinten. Aufmerksame, Wachsamkeit signalisierende Exemplare heben ihren Kopf und ragen ihren Schwanz in die Höhe. Ein zunächst beängstigend wirkendes Verhalten ist das „Ausdrücken" der Augen, das jedoch völlig normal ist: Die Augen treten für wenige Sekunden fast aus ihren Höhlen heraus. Häufig ist dies mit einem mehrmaligen Schlucken verbunden. Wahrscheinlich dient dies dem Reinigen der Augen. Auch der Häutungsprozess um die Augen bzw. am Kopf wurde hiermit in Verbindung gebracht. Mit Hilfe der Augenmuskulatur wird die Kopfhaut angespannt, sodass die alte Haut um die Augen herum aufreißt (Kohlmeyer 2000).

Thermoregulation

Wechselwarme Tiere wie Reptilien sind zur Aufrechterhaltung der Körperwärme von der Umgebungstemperatur abhängig. Zwar können sie selbst keine eigene Wärme über die Nahrung, wie etwa Säugetiere, erzeugen, kommen aber dafür auch mit wesentlich weniger Nahrung aus. Einer Echse reicht die Tagesfuttermenge eines gleich großen Vogels beispielsweise für einen kompletten Monat (Pianka 1986). Damit die wechselwarmen Tiere ihre bevorzugte Körpertemperatur von 28 bis 40°C (Greer 1989) erreichen können, wird neben der Umgebungstemperatur die direkte Sonneneinstrahlung (im Terrarium der Spotstrahler) genutzt. Der Puls und der Blutfluss werden unabhängig von der Körpertemperatur beim Aufheizen deutlich erhöht. Die Geschwindigkeit, mit der sich die dargestellten Agamen aufheizen, ist dadurch wesentlich schneller als die Abkühlungsrate (SEEBACHER & FRANKLIN 2001).

Um den teils extremen klimatischen Bedingungen in ihrer Heimat trotzen zu können, wurden effektive Strategien der Thermoregulation entwickelt, welche die Tiere auch im Terrarium zeigen. Nachdem die Beleuchtung eingeschaltet wird, suchen die Tiere helle und somit vermeintlich warme Bereiche im Terrarium auf, um ihre Vorzugstemperatur zu erreichen. Zunächst sind die Tiere noch kontrastlos und dunkel gefärbt, was einer besseren Aufnahme der Strahlungswärme dient. Die Bewegungen sind langsam und können zittrig wirken. Um eine größere Aufnahmefläche zu präsentieren, wird der Körper seitlich durch Spreizen der Rippen abgeflacht. Mit zunehmender Temperatur hellt sich die Färbung auf, und die Agamen werden aktiv. Temperaturgefälle im Terrarium helfen Ihrem Tier, die gewünschte Körpertemperatur auf einem optimalen Level zu halten. Ihre Vorzugstemperatur steuern die Agamen durch aktives Aufwärmen und Abkühlen, das heißt, sie suchen abwechselnd sonnige und schattige Plätze auf. Erst nach Erreichen der „Betriebstemperatur" laufen Stoffwechsel und Verdauung optimal und zeigen die Echsen ihr aktives Verhaltensrepertoire, wie Fortbewegung, Nahrungsaufnahme und soziale Interaktion. Bei zu hohen Temperaturen minimieren die Tiere die Kontaktfläche zum heißen Untergrund durch Aufrichten auf die Zehen- und Fersenspitzen und Anheben des Schwanzes.

Zur Thermoregulation zählt auch das weite Öffnen des Mauls, das zur Kühlung bei großer Hitze dient. Die Agame hechelt dabei mit erhöhter Atemfrequenz und lässt so Flüssigkeit von ihrer Mundschleimhaut verdunsten. Die Verdunstungskälte sowie die damit verbundene Luftbewegung dienen der Kühlung des Blutes der vorderen Atemwege. Ein ähnliches Verhalten wird auch bei Tieren beobachtet, die der Hitze eigentlich problemlos entgehen könnten. Die stark durchblutete Mundschleimhaut dient darüber hinaus vermutlich als Wärmeverteiler im Körper und hilft so, die gewünschte Vorzugstemperatur zu halten bzw. zu erreichen.

Liegt die Umgebungstemperatur dauerhaft deutlich über der Vorzugstemperatur und finden die Agamen keine Möglichkeit, sich in kühle, schattige Bereiche zurückzuziehen, tritt der Hitzetod bei einer Körpertemperatur von circa 44-45°C ein (BARTHOLOMEW & TUCKER 1963, GREER 1989).

Im natürlichen Habitat verzögern die beschriebenen Agamen nachmittags bei schwächer werdender Sonneneinstrahlung ihre Abkühlung, indem sie sich an warme Felsen oder den Straßenasphalt pressen, welche die Wärme noch eine Zeit speichern (KÖHLER, GRIESSHAMMER & SCHUSTER, 2003). Dadurch gewinnen die Tiere zusätzlich etwas Zeit zum Verdauen (GREER 1989). Auch die bei der Nahrungsverwertung beteiligten Enzyme benötigen ihre „Betriebstemperatur". Von der Heimtierzubehörindustrie entwickelte und mißverständlich sogenannte Heizsteine haben in der Terrarieneinrichtung genau diesen Zweck. Nicht dem Heizen, sondern dem Verdauen sollen diese Produkte dienen. Mit Erlöschen der Beleuchtung schlafen die porträtierten Agamen meist an der Stelle, an der sie sich gerade befinden. Die Schlafpositionen können, gerade bei juvenilen Tieren, recht unbequem wirken. Einige Tiere schlafen senkrecht hängend an der Rückwand oder aufrecht an die Frontscheibe gelehnt. Während sie am Boden oft Schlafkuhlen anlegen, in denen sie eine hufeisenförmig eingerollte Position einnehmen, schlafen sie auf Baumstämmen mit ausgestreckten Hinterbeinen.

Soziale Interaktion

In einer Gruppe gehalten zeigen Bartagamen, Zwergbartagamen und Australische Taubagamen eine Vielzahl verschiedener Verhaltensweisen. Spätestens mit Erreichen der Geschlechtsreife im Alter von etwa einem Jahr werden die revierbildenden Männchen in Terrariengrößen untereinander unverträglich und müssen getrennt werden. Selbst bei der Australischen Taubagame, der man bei ihrer geringen Größe am ehesten ein angemessen großes Terrarium mit ausreichenden Versteckmöglichkeiten bieten könnte, funktioniert die Haltung mehrerer Männchen nicht, sobald Weibchen anwesend sind. Selbst ohne Kämpfe mit Verletzungen führt der Unterdrückungsstress bei unterlegenen Männchen schnell zur Nahrungsverweigerung und damit unweigerlich zum Tod. Bei einer dauerhaften Vergesellschaftung der hier porträtierten Agamen, ist die Pflege von einem Männchen mit zwei Weibchen zu bevorzugen. Ein einzelnes Weibchen kann unter der anhaltenden Balz des Männchens sehr leiden. Weibchen untereinander verhalten sich meist friedlich und reagieren nur kurz vor und nach der Eiablage aggressiv auf Artgenossen. In ihrem natürlichen Lebensraum sind

31

zumindest Bartagamen Einzelgänger, die große Reviere besitzen. Eine Einzelhaltung im Terrarium entspräche demnach einer artgerechten Haltung.. Pärchen, aber auch Weibchen untereinander, harmonieren nicht immer, sodass bei eventuell auftretenden Schwierigkeiten die Möglichkeit bestehen muss, die Tiere zu separieren. Um unterdrückte Tiere als solche zu erkennen, ist es nötig, unnatürliche Verhaltensweisen zu deuten. Versteckt sich eine Agame zum Beispiel häufig, frisst schlecht, hinkt im Wachstum hinterher oder ist häufig dunkel gefärbt, könnten dies Anzeichen dafür sein, dass das Tier unterdrückt wird. Eine Vergesellschaftung der beschriebenen Arten ist aus zwei Gründen abzulehnen. Zum einen besteht innerhalb der Gattung *Pogona* die Gefahr der Bastardisierung. Zum anderen sollte man grundsätzlich nur etwa gleich große Exemplare vergesellschaften, weil Bartagamen aktive Kannibalen sind. An dieser Stelle sei daher darauf hingewiesen, dass das Titelbild des Buches eine Bildmontage ist, die nicht die Möglichkeit der gemeinsamen Haltung implizieren soll.

Nicht zur Gesichtsmimik fähig, sind Echsen zur Verständigung auf Gesten der Körpersprache angewiesen. Die unterschiedlichen Verhaltensmuster kann man besonders gut während der Paarungszeit beobachten. Männchen zeigen dann ein heftiges Nicken, indem sie ihren Kopf ruckartig auf und ab bewegen. Dieses Balz-, Dominanz- und Territorialverhalten kann durch Strecken und Einknicken der Vorderbeine unterstrichen werden („Liegestütze"). Rangniedere Tiere oder Weibchen können auf diese Geste verschieden reagieren.

Eine Demutsgeste, die zur Beschwichtigung des nickenden Tieres dient, ist das „Armwinken": eine meist langsame, kreisende Armbewegung von hinten nach vorne entlang des Körpers. Der Arm kann während des Winkens gewechselt werden. Eine Beschwichtigungsgeste ist das zeitlupenähnliche Auf- und Abbewegen des Kopfes, welches durch langsame „Liegestütze" unterstrichen werden kann. Männchen besitzen ein ausgeprägtes Territorialverhalten. Begegnen sich zwei Männchen, kommt es meist zu Auseinandersetzungen. Dabei drohen die Kontrahenten sich zunächst, bevor es zu einem Kampf kommt. Um größer zu erscheinen, werden die Körper seitlich abgeflacht und dem Rivalen zugewandt. Die Tiere umkreisen einander nun unter zuckenden, zum Teil schlagenden Schwanzbewegungen mit aufgerissenem Maul. Es folgen Bisse in Schwanz- und Schultergegend, bis das unterlegene Tier die Flucht ergreift oder sich unterordnet. Oft wird hierbei versucht, den Rücken des Kontrahenten zu besteigen. Als Unterwerfungsgeste presst sich das unterlegene Tier flach an den Boden oder versucht, sich durch Fortlaufen zu befreien.

Einige Halter berichten, dass ihre Tiere bei einer Abwehrreaktion deutlich hörbar fauchten. *Pogona*-Arten spreizen als zusätzliche optische Einschüchterung mit Hilfe des im Mundraum befindlichen Zungenbeins ihre Kehlregion. Fühlen sich *Pogona*- und *Tympano-*

cryptis-Arten von Feinden bedroht, verharren sie zunächst absolut bewegungslos und flüchten, wenn diese Taktik nichts nützt, zunächst auf die Rückseite ihres ursprünglichen Ansitzes (HAUSCHILD & BOSCH 2003). Bei weiterer Annäherung ergreifen die Tiere meist die Flucht. Während *Pogona*-Arten auch den Bart spreizen und drohend das Maul aufreißen, ist von *Tympanocryptis*-Arten bekannt, dass sie in bedrohlichen Situationen quieken können (GREER 1989).

Verhalten in menschlicher Obhut

Nach Eingewöhnung verlieren die in diesem Buch beschriebenen Agamen ihre Scheu gegenüber dem Pfleger. Zutraulichkeit kann aufgebaut werden, wenn jede Annäherung mit etwas Positivem verbunden ist, wie dem Reichen von Futter. Dabei können immer kürzere Pinzetten benutzt werden, bis die Echse aus der Hand frisst. Maximum der Zahmheit ist, dass die Agame von sich aus auf den Pfleger zukommt und freiwillig auf seine Hand krabbelt. Mehr kann man von Reptilien nicht erwarten. Trotz jahrzehntelanger Nachzucht, was man nicht als Dome-

stizierung bezeichnen kann, bleiben es Wildtiere. Sie sind weder zum freien Auslauf in der Wohnung noch zum Streicheln oder gar zum Schmusen geeignet. Reptilien werden nicht wie Säuger von Eltern aufgezogen, sondern sind nach dem Schlupf aus dem Ei völlig auf sich allein gestellt. Anfassen und Berühren bedeutet Stress. Sich aus dem Terrarium herausnehmen lassen, zeugt eher von Toleranz. Presst sich die Echse dabei an den Untergrund, zeigt sie Unbehagen und Angst. Schließt sie die Augen, ist ihr die Situation unangenehm. Geschlossene Augen sollten nie als ein Ausdruck des „Genießens" fehlinterpretiert werden.

Aufzuchtterrarium für
junge Bartagamen

TERRARIUM

„Wer ein Tier hält, betreut oder zu betreuen hat, muss das Tier seiner Art und seinen Bedürfnissen entsprechend angemessen ernähren, pflegen und verhaltensgerecht unterbringen; darf die Möglichkeit des Tieres zu artgemäßer Bewegung nicht so einschränken, dass ihm Schmerzen oder vermeidbare Leiden oder Schäden zugefügt werden" (§2 Tierschutzgesetz). In diesem Sinne soll es auf den folgenden Seiten Aufgabe sein, eine artgerechte Haltung der Bartagame, Zwergbartagame und Australischen Taubagame zu beschreiben. Laut dem Gutachten über die Mindestanforderungen an die Haltung von Reptilien von 1997 ist für ein Paar Bartagamen das Fünffache der Kopf-Rumpf-Länge (KRL) als Längenangabe, das Vierfache der KRL für die Breite und das Dreifache der KRL für die Höhe des Terrariums als Mindestgröße festgelegt. Mit jedem weiteren Tier werden 15 % der Grundfläche hinzugerechnet. Mit einer KRL von bis zu 30 cm ergeben sich für ein Paar Bartagamen die Maße von 150 x 120 x 60 cm (L x B x H). Dies ist jedoch als absolutes Minimum zu verstehen. Bei einer KRL von 13 cm ergeben sich für ein Paar Zwergbartagamen die nicht gerade üppigen Maße von 65 x 52 x

39 cm (L x B x H). Eine eher vertretbare Terrariengröße für die lebhaften Agamen wäre nach Ansicht der Autoren das Terrarienstandardmaß von 120 x 60 x 60 cm (L x B x H). Für Australische Taubagamen mit einer KRL von 6 cm bedeutet die Berechnungsformel eine Terrarienlänge von gerade einmal 30 cm. Hier halten die Autoren wenigstens das Terrarienstandardmaß von 80 x 40 x 50 cm (L x B x H) für angemessener. ACKERMANN & FRITZ (2006) weisen sogar darauf hin, dass eine Haltung unter 0,5 m² Grundfläche möglich ist, das volle Verhaltensrepertoire aber erst bei knapp 1 m² Bewegungsfläche gezeigt wird. Allgemein für alle Arten gilt hier: je größer, desto besser. Da Bartagamen Bodenbewohner sind, bietet man ihnen eine große Grundfläche, die jedoch nicht so tief ausfallen sollte, dass Routinearbeiten im Terrarium zur Last werden. Da sie keine sonderlich geschickten Kletterer sind, reicht die Höhe des Terrariums oder dessen Dekoration unserer Meinung nach mit 100 cm bei Bartagamen und 70 cm bei Zwergbartagamen aus. Australische Taubagamen halten sich überwiegend auf erhöhten Plätzen wie in der Rückwand, auf Ästen, anderen Einrichtungsgegenständen und Pflanzen statt auf dem Boden auf. Ihr Terrarium sollte in der Höhe etwa 50 cm betragen. Um eine optimale Belüftung

zu gewährleisten, sind ein Lufteintritt sowie ein Luftaustritt erforderlich, die meistens durch an der Vorderseite und im Deckel angebrachte Lüftungsflächen ermöglicht werden. Eine Luftzirkulation durch an der Seite angebrachte Gaze ist ebenfalls möglich. Folgen einer unzureichenden Belüftung können Hitzestauungen, Sauerstoffdefizite, eine zu hohe Luftfeuchtigkeit und schließlich Erkrankungen sein. Bei Lüftungsflächen ist vorzugsweise kleinmaschige Gaze zu wählen, um etwaigen Verletzungen der Zehen vorzubeugen. Terrarien müssen leicht zu handhaben sein. Daher werden an der Front gegeneinander verschiebbare Scheiben verwendet, die ein kontrolliertes Arbeiten im Terrarium ermöglichen. Die Scheiben kann man zur Reinigung oder Einrichtung des Beckens auch leicht entfernen. Arbeiten, die „von oben" ausgeführt werden, können bei den Tieren Abwehr- oder Panikreaktionen hervorrufen, da natürliche Feinde, wie z.B. Raubvögel, ebenfalls „von oben" jagen. Vor dem Kauf bzw. Eigenbau eines Terrariums sollte bedacht werden, wie und wo die nötige Technik unter- bzw. angebracht werden soll. Geeignete Leuchtmittel haben zum Teil schlecht zu verbauende Ausmaße; diesem Umstand ist vorher Rechnung zu tragen. Leuchtmittel müssen für die Tiere unerreich-

bar bleiben, um möglichen Verbrennungen vorzubeugen. Geeignet sind hier so genannte Leuchtkästen, in denen die komplette Technik untergebracht und optisch vom eigentlichen Terrarium getrennt betrieben wird. Hierbei kann in der Höhe variiert werden, sodass selbst große Strahler verwendet werden können. Möchte man ein Terrarium selber bauen, hilft weiterführende Literatur, die sich speziell mit der Planung und Umsetzung beschäftigt. Bei der Wahl des Standortes müssen einige wichtige Faktoren beachtet werden. Der Standort sollte statisch stabil sein, grundsätzlich möglichst hell gewählt werden, jedoch keiner direkten Sonneneinstrahlung ausgesetzt sein. Hierbei könnten unkontrollierbare Temperaturen auftreten, die schlimmstenfalls zum Hitzetod der Agamen führen. Extreme Temperaturen am Tag wie in der Nacht sollten ebenso wie das Rauchen im Terrarienzimmer vermieden werden. Mehrere Agamen-Terrarien müssen so aufgestellt werden, dass die Tiere keinen Sichtkontakt haben, da sie sich im Extremfall schon hierdurch bis zum Tod stressen können. Sofern die Möglichkeit besteht, entspricht die Haltung während des Sommers im Freilandterrarium, bei entsprechender Biotopgestaltung, selbstverständlich am weitesten der artgerechten Haltung.

36

EINRICHTUNG

Rückwand

Eine Rück- und Seitenwandgestaltung ist bei der artgerechten Pflege von Agamen sehr empfehlenswert, da sie zusätzliche Lauf- und/oder Kletterfläche bietet, die von den Tieren gerne genutzt wird. Zudem schafft sie bei entsprechender Gestaltung eine Sichtbarriere, die den Tieren ein Schutzgefühl bietet. Neben dem praktischen Aspekt spielt sicherlich auch die Optik eine entscheidende Rolle. Die einfachste Art, eine Rück- und Seitenwandgestaltung zu verwirklichen, besteht darin, die im Fachhandel angebotenen Zier- und Presskorkplatten zu verarbeiten, die in verschiedenen Größen und Stärken erhältlich sind. Am schönsten, aber auch am teuersten, ist hier die flachgepresste, naturbelassene Rinde der Korkeiche (Zierkorkplatten). Die Platten werden mit Silikon an Rück- und Seitenwand fixiert. Anschließend werden die Platten sorgfältig abgedichtet, um nicht gefressenen Insekten die Möglichkeit zu nehmen, hinter die Platten zu kriechen. Durch den Untergrund wird den Tieren hier eine griffige Klettermöglichkeit geboten. Mit etwas Geschick lassen sich außerdem auch naturähnliche Felswände selber anfertigen. Als Grundlage dient hier zum Beispiel Styropor, das mit Fliesenkleber überzogen wird. Eine ausführliche Anleitung hierzu findet man unter anderem bei WILMS (2004).

Einfache Presskorkplatte, wie sie standardmäßig im Zoofachhandel angeboten wird.

Zierkorkrückwand mit grober Struktur, bei der die Außenseite einer Korkrinde gewalzt wurde.

Zierkorkrückwand mit feiner Struktur, bei der die Innenseite einer Korkrinde gewalzt wurde.

Bodengrund

Als geeigneter Bodengrund kommt eine Mischung aus diversen Sand- und Lehmarten in Betracht. Über den Fachhandel werden spezielle Bodensubstrate vertrieben, die sich für eine artgerechte Haltung eignen. Lehm als alleiniger Untergrund oder als Deckschicht sieht optisch ansprechend aus, ist jedoch sehr hart und könnte bei Stürzen aus großer Höhe Verletzungen zur Folge haben. Eine Mischung aus Spielsand und Lehm/ Lehmpulver, bzw. der im Handel erhältliche rote Terrariensand mit Lehmanteil ist optisch ansprechend und erfüllt die Anforderungen an die Grabfähigkeit des Substrates. Zudem speichert Sand die aufgenommene Wärme besser als andere Substrate. Die Substrathöhe sollte in einem Teil des Terrariums bei Australischen Taubagamen und Zwergbartagamen mindestens 20 cm und bei Bartagamen 25 cm betragen. Gerade Australische Taubagamen graben bei der Eiablage für ihre Größenverhältnisse erstaunlich tief. In den untersten Schichten wird das Substrat leicht feucht gehalten. Eine übermäßige orale Aufnahme von Sand kann auf Kalziummangel hindeuten, dem man mit einer ständig zur Verfügung stehenden Kalziumquelle (siehe Ergänzungsfuttermittel) entgegenwirkt. Da bei Echsen Kot und Urin gleichzeitig abgegeben werden, ersetzt man den Bodengrund aus hygienischen Gründen mindestens ein- bis zweimal im Jahr komplett.

Wüstensande mit Lehmanteil erhärten nach Befeuchtung und eignen sich besonders für grabende Agamen.

38

Dekoration

Neben den optischen Aspekten wird die Einrichtung den Bedürfnissen von australischen Agamen entsprechend ausgewählt. Hier sollten mit geeigneten Materialen für jedes Tier Rückzugsmöglichkeiten geschaffen werden, das heißt Plätze, an denen sie auch kühle, feuchte Zonen vorfinden. Dies können zum Beispiel durch Steine oder Hölzer geschaffene Höhlen und Zwischenräume sein. Jegliche Einrichtung muss gegen Einstürzen oder Verrutschen gesichert sein. Ein Untergraben darf angesichts der daraus resultierenden Einsturzgefahr nicht möglich sein. Australische Taubagamen halten sich mehr auf Dekorationen als auf dem Boden auf. Bietet man auch Bartagamen und Zwergbartagamen Möglichkeiten zu klettern, nutzen sie diese entgegengesetzt der oft geäußerten Meinung, sie würden nicht klettern, häufig. Sie dürfen daher also nicht fehlen. Äste, Kork und Wurzeln sollten so dick gewählt werden, dass ein ausgewachsenes Tier darauf bequem Platz findet.

Um einen möglichst naturnahen Biotop-Ausschnitt zu schaffen, sollte man das Terrarium entsprechend bepflanzen. Leider stellt sich das Einsetzen echter Pflanzen häufig als vergebliche Mühe heraus. Pflanzen werden gefressen, ausgegraben oder durch die Aktivität der Tiere zerstört. Bei der Auswahl geeigneter Sorten ist zu beachten, keine giftigen, ungenießbaren, spitzblättrigen oder dornigen Gewächse zu verwenden. Die im Handel erhältlichen Kunstpflanzen können im Terrarium ebenfalls sehr dekorativ wirken und stellen eine gute Alternative zu echten Pflanzen dar.

Gesandstrahlte Weinreben bieten ideale Klettermöglichkeiten.

Korktronchos fügen sich harmonisch in die Terrariengestaltung ein.

Auch Kunstpflanzen können im Terrarium sehr dekorativ wirken.

Pogona henrylawsoni

TERRARIENTECHNIK

Eine wichtige Grundvoraussetzung für die erfolgreiche Pflege der sonnenhungrigen Agamen dieses Buches ist der Einsatz einer intensiven, tageslichtähnlichen Beleuchtung. Bei ungenügendem Licht zeigen sich die Tiere wenig aktiv. Die über die Beleuchtung erzielte Grundtemperatur zur Haltung von Bartagamen, Zwergbartagamen und Australischen Taubagamen sollte 28-32°C betragen. Lokal unter Spotstrahlern bietet man den Agamen Temperaturen von 45-50°C an. Eine stellenweise Bodenheizung ist nur dann notwendig, wenn die erforderliche Grundtemperatur im Terrarium durch Leuchtmittel nicht erreicht werden kann, etwa bei sehr großen Terrarien. Ansonsten finden weder Bodenheizungen und -kabel noch Dunkelstrahler Verwendung, da Wärme immer in Verbindung mit Licht wahrgenommen wird. Schattige Bereiche, wie etwa Höhlen, die leicht feucht gehalten werden sollten, weisen Temperaturen von etwa 25°C auf. Dieses Temperaturspektrum wird für den Wärmehaushalt der wechselwarmen Reptilien benötigt (siehe Kapitel „Thermoregulation"). Nachts herrschen im Terrarium in der Regel automatisch Temperaturen von 18-20°C, was in etwa der Raumtemperatur entspricht.

Die Kombination von Wärme, sichtbarem Licht und UV-B-Bestrahlung ist für die Aktivität, das Wohlbefinden und die Gesundheit der Tiere unerlässlich. Die Intensität der australischen Sonne kann im Terrarium selbst durch effektivste Beleuchtung kaum nachgeahmt werden. Dennoch gibt es Leuchtmittel, die ein tageslichtähnliches Spektrum und eine brauchbare Lichtabgabe aufweisen. Das menschliche Auge ist aber nicht dazu in der Lage, Lichtverhältnisse objektiv zu beurteilen; so kann ein spärlich ausgeleuchtetes Terrarium in einem dunklen Raum sehr hell wirken. Die Beleuchtungsstärke wird in Lux angegeben. So können an einem sonnigen Sommertag circa 150.000 Lux gemessen werden. Mit technischen Hilfsmitteln, so genannten Luxmetern, können die Lichtverhältnisse im Terrarium geplant, überprüft und gegebenenfalls verändert werden. Die Beleuchtung gibt auch den Tages- und Jahresrhythmus vor. Ein „Tag im Terrarium" sollte 12 bis 14 Stunden lang sein, wobei die Wintermonate mit 6-8 Beleuchtungsstunden simuliert werden. Mit Hilfe von Zeitschaltuhren lässt sich durch gezieltes Ein- und Ausschalten von Beleuchtungselementen ein Jahreszeitenrhythmus sowie ein künstlicher Sonnenauf- und Sonnenuntergang simulieren. Der strahlerspezifische Abstrahlwinkel und die Positionierung der Lampe sind entscheidend für das Ergebnis der Ausleuchtung. Durch tief angebrachte Lampen können Lichtintensität und Temperatur punktuell gesteigert werden. In Bezug auf die Temperatur geben selbst modernste Leuchtmittel mindestens 40 % der eingesetzten Energie als Wärme ab. Um die zur Verfügung stehende Helligkeit möglichst effektiv zu nutzen, sollten entsprechende Reflektoren zum Einsatz kommen, die das Licht gezielt leiten und nicht in alle Richtungen streuen lassen.

HQ-Lamps eignen sich gut zur Grundbeleuchtung von Terrarien und werden durch Spotstrahler ergänzt.

Als Grundbeleuchtung können so genannte Quecksilberdampf-Lampen sowie T5- oder T8-Röhren zum Einsatz kommen, die mit einem Vorschaltgerät in speziellen Fassungen betrieben werden. In Verbindung mit Reflektoren erzielen sie eine gleichmäßige, sehr gute Lichtfülle. Eine sehr hohe Lichtintensität erreicht man mit Halogen-Metalldampflampen (HQI/HCI/CDM), welche dem Tageslicht noch mehr ent-

sprechen. Häufig werden diese Lampen zur Ausleuchtung von Ladenflächen genutzt. Sie können ebenfalls nur mit einem Vorschaltgerät betrieben werden. Aufgrund der geringen Größe des Leuchtkörpers besitzen sie den Vorteil, dass sie die hohe Lichtausbeute konzentriert abgeben, anstatt wie die oben genannten Leuchtstofflampen das Licht gleichmäßig zu verteilen. Zusätzlich entwickeln sie eine gewisse Wärme, die sich positiv auf die Grundtemperatur auswirkt. Die Leuchtmittel werden in verschiedenen Lichtfarben (gemessen in Kelvin) angeboten. So entspricht ein Leuchtmittel mit 5200 K am ehesten der Mittagssonne (Typenbezeichnung D). Mit einer je nach Modell variierenden Brenndauer von 6000-12000 Stunden sind sie sehr wirtschaftlich. Um Sonneninseln zu schaffen, in denen Temperaturen von 45-50°C erreicht werden sollten, kommen Spots/PAR-Spots oder Halogenlampen zum Einsatz, die nur diesem Zweck dienen.

„Halogen Spotlights" schaffen je nach Abstand und Wattage Sonneninseln mit Maximaltemperaturen bis zu 50°C.

Als unerlässliche Quelle von UV-B-Strahlung, die für die Synthese von Vitamin D_3 sehr wichtig ist, kommen diverse Mischlichtlampen zum Einsatz, die durch spezielles Glas keine UV-Strahlung ausfiltern. Unter Beachtung der Herstellerangaben können 100 und 160 Watt starke Lampen wie z.B. HOBBY „UV Reptile vital" oder ZooMed's „Powersun UV" ganztägig eingesetzt werden. Neben der nötigen Abgabe von UV-B-Strahlung sind sie auch als Wärmequelle brauchbar. Beliebte Strahler wie die 300 W

UV-B-Strahler wie die „UV Reptile vital" eignen sich vor allem für hohe Terrarien.

Osram „Ultra-Vitalux" hingegen werden wegen ihrer sehr hohen Strahlungswerte nicht ganztägig eingesetzt. In der Woche werden die Tiere bei einer Bestrahlungsdauer von 30-60 Minuten zwei- bis dreimal mit UV-Strahlung versorgt. Wegen der enormen Leistung dieser Lampen sollte man unbedingt prüfen, ob im Terrarium extreme Temperaturen zustande kommen. Allerdings

kann mit diesen Lampen, zumindest in ausreichend dimensionierten Terrarien, die Mittagshitze gut nachgeahmt werden.

UV-B-Bestrahlung ist notwendig, weil dadurch in der obersten Hautschicht von Reptilien körpereigenes Vitamin D_3 produziert wird, das für das Knochengewebe besonders wichtig ist. Da Glas UV-B-Strahlung fast komplett ausfiltert und Gazedraht das auftreffende Licht erheblich schwächen kann, sollte man Lampen am besten innerhalb des Terrariums einsetzen. Bei herkömmlichen 100, 160 und 300 Watt UV-B-Lampen ist dies aufgrund der Birnengröße vor allem in nicht zu hohen Terrarien problematisch. Inzwischen haben die Zubehöranbieter darauf reagiert und wesentlich kleinere UV-B-Lampen in Stärken von 50 und 70 Watt entwickelt. Zwar werden für den Betrieb nicht gerade günstige Vorschaltgeräte benötigt, aber man hat durch die Stromersparnis der niedrigeren Wattagen die Anschaffungskosten relativ schnell wieder heraus.

UV-B-Strahler wie die „UV Star Desert" sind innerhalb des Terrariums gut einsetzbar.

Pogona henrylawsoni

ERNÄHRUNG

Nahrungsspektrum

Bartagamen, Zwergbartagamen und Australische Taubagamen ernähren sich omnivor, also sowohl von pflanzlicher als auch von tierischer Nahrung. Hauptsächlich fällt eine Vielzahl an Wirbellosen in das natürliche Nahrungsspektrum der Agamen, aber außerdem auch kleine Nagetiere, Jungvögel, Reptilien (darunter auch kleinere Artgenossen). Im Terrarium stellen diese Futtertiere hauptsächlich verschiedene Insekten dar. Nach einer zehrenden Trächtigkeit kann Bartagamen und Zwergbartagamen gelegentlich auch eine proteinhaltige Babymaus angeboten werden, die man tiefgefroren im Fachhandel erwerben kann.

Tierische Nahrung kann man drei- bis viermal in der Woche anbieten. Dabei sollte die Anzahl der Futtertiere je nach Größe und Insekt variieren. Ein bis zwei große Insekten pro Fütterung sind für adulte Tiere zum Beispiel für angemessen. Jungtiere hingegen erhalten bis zu einem Alter von drei bis vier Monaten zweimal täglich, semiadulte Tiere bis zu einem Alter von zehn Monaten einmal täglich Lebendfutter. Bei adulten Exemplaren sollte man ein bis zwei Fast-entage in der Woche ohne jegliche Nahrung einlegen, welche problemlos überstanden werden. Idealerweise werden alle Futtertiere gehaltvoll ernährt, bevor man sie verfüttert. Häufig haben sie schon einen langen Weg hinter sich, auf dem sie ohne Nahrung und Wasser ausgekommen sind, bis sie schließlich in einer Heimchendose beim Terrarianer zu Hause ankommen. Hier sollten sie, wie bereits erwähnt, mehrere Tage vor der Fütterung, der Art entsprechend, mit Nahrung und Flüssigkeit versorgt werden um ihren Nährwert zu steigern.

Der Fachhandel bietet eine Vielzahl von Futterinsekten an, wie zum Beispiel Heuschrecken, Heimchen, Grillen, Schaben, Mehlkäfer-, Schwarzkäfer-, Getreideschimmelkäfer- und Rosenkäferlarven, Wachsmottenlarven, Drosophila und Asseln. Käferlarven sollte man, obwohl sie gerne gefressen werden, nur selten verfüttern. Sie besitzen einen hohen Fettgehalt (circa 12 %) und habon ein ungünstiges Kalzium-Phosphor-Verhältnis. Ein optimales Kalzium-Phosphor-Verhältnis beträgt zum Beispiel 1,5 : 1. Die geschlüpften Käfer und auch Schaben stellen in dieser Beziehung dagegen gute und beliebte Futtertiere dar. Schaben sind meist sehr schnelle, äußerst lichtscheue Futtertiere, die teilweise an glatten senkrechten Flächen emporlaufen können – Ausnahmen stellen hier zum Beispiel die Argentinische Schabe und die Totenkopfschabe dar. Die meisten erhältlichen Futterinsekten sind nachtaktiv beziehungsweise dunkelheitsliebend. Im Sommer kann „Wiesenplankton" angeboten werden, das aber nicht von Flächen stammen sollte, die mit Pestiziden oder Düngemitteln behandelt wurden. Bei der Entnahme von Futtertieren aus der Natur müssen die Schutzbestimmungen der heimischen Fauna beachtet werden. Auch im Garten gesammeltes Futter kann angeboten werden. Hier sind zum Beispiel Heuschrecken, Asseln, Regenwürmer, Ameisen oder auch Schnirkelschnecken, die im Ganzen angeboten werden, zu nennen (HAUSCHILD 2006, DIECKMANN 2007).

Als Ansitzjäger gehen Bartagamen, Zwergbartagamen und Australische Taubagamen nicht aktiv auf Beutesuche, sondern verlassen sich auf ihre guten Augen und warten, bis sich ihnen Beute auf kurze Distanz genähert hat. Die Agamen reagieren auf Bewegungen, zum Beispiel auf einen sich windenden Wurm. Regungslose Beute hingegen wird meistens nicht wahrgenommen, und das Interesse, falls überhaupt vorhanden, geht schnell verloren. Animiert man das Futtertier jedoch dazu, sich zu bewegen, wird der Jagdinstinkt ausgelöst. Bei der Jagd stellen sich die Tiere jedoch nicht immer geschickt an, sodass man die Insekten jedem Exemplar kontrolliert anbietet, um die Nahrungsaufnahme zu überwachen. Nicht gefressene Insekten sollten aus dem Terrarium entfernt werden, damit sie den schlafenden Agamen, insbesondere Jungtieren, durch Anfressen nicht zur Gefahr werden oder in die Wohnung entweichen. Ergibt sich die Möglichkeit des Herausfangens nicht, so bietet man den Insekten über Nacht ein Stück Obst beziehungsweise Gemüse an, um dem eventuellen Anfressen der Agamen vorzubeugen.

Die Palette an pflanzlicher Nahrung ist groß und kann abwechslungsreich gestaltet werden. So kommen diverse Gemüsesorten ebenso wie auch Blüten, Blätter und Kräuter in Betracht. Jungtieren sollte schon früh Grünfutter angeboten werden. Generell kann pflanzliche Nahrung, mit Ausnahme der Fasttage, ständig im Terrarium angeboten werden. Nicht an vegetarische Nahrung gewöhnte Tiere sind nur schwer umzugewöhnen. In Abhängigkeit von der Wasserverfügbarkeit wird bei Gewöhnung bis über ein Drittel pflanzliche Nahrung angenommen. Grünfutter sollte vor dem Verfüttern von Insekten angeboten werden, da es sonst verschmäht wird. Angeboten

Wie diesen Jungtieren der Bartagame *Pogona vitticeps,* sollte pflanzliche Kost mundgerecht geschnitten angeboten werden.

wird es von Hand oder mundgerecht geschnitten bzw. geraspelt in einer Schale. Hier können sich bei einigen Tieren Vorlieben einstellen, andere hingegen fressen fast alles. Abwechslung und Ausprobieren ist hier gefragt. Einheimische Pflanzen sind gerade während der Sommermonate als Futter geeignet. Zudem können auch bekannte Küchenkräuter, wie Petersilie und Basilikum, den Speiseplan erweitern. Weizen und Sojakeimlinge kann man z.B. leicht selber heranziehen. Diese Keimlinge sowie einige Salatsorten stellen vor allem im Winter eine Alternative zu wild wachsenden Pflanzen dar. Salat ist meistens wenig gehaltvoll, eine Ausnahme stellen hier jedoch die unten genannten Salatsorten dar. Obst sollte nur sehr selten verfüttert werden, da es zum größten Teil aus Wasser besteht und zusätzlich einen hohen Gehalt an Zucker und Fruchtsäuren aufweist.

Australische Agamen fressen auch jahreszeitlich bedingt sehr unterschiedlich: So kommt es vor, dass das Futter an einigen Tagen in riesigen Mengen verschlungen wird, wohingegen an anderen Tagen die Nahrungsaufnahme trotz Einhaltung von Fütterungsintervallen verweigert wird.

Im Folgenden werden einige Futterpflanzen aufgelistet:

Einheimische Wildpflanzen: Ackerwinde (*Convolvulus arvensis*) Blütezeit Mai - September, Breitwegerich (*Plantago major*) Blütezeit Juni - Oktober, Brennnessel (*Urtica spec.*) Blütezeit Juli - Oktober, Gänseblümchen (*Bellis perennis*) Blütezeit Februar - November, Giersch (*Aegopodium podagraria*) Blütezeit Mai - Juli, Hirtentäschel (*Capsella spec.*) Blütezeit Februar - September, Huflattich (*Tussilago farfara*) Blütezeit März - April, Klee (*Lotus spec. & Trifolium spec.*) Blütezeit Mai - Oktober, Löwenzahn (*Taraxacum spec. & Leontodon spec.*) Blütezeit März - September, Rose (*Rosa spec.*) auch Früchte (Hagebutten) Blütezeit Mai - Juli, Sauerampfer (*Rumex acetosa*) Blütezeit Mai - August, Spitzwegerich (*Plantago lanceolata*) Blütezeit Mai - September, Taubnessel (*Lamium spec.*) Blütezeit April - Oktober, Veilchen oder Stiefmütterchen (*Viola spec.*) Blütezeit April - Oktober, Vergissmeinnicht (*Myosotis spec.*) Blütezeit April - Oktober, Vogelmiere (*Stellaria media*) Blütezeit Januar - Dezember, Wicke (*Vicia spec.*) Blütezeit Mai - August, Zaunwinde (*Calystegia sepium*) Blütezeit Juni - September, Holunderblüten (*Sambucus spec.*) Blütezeit April - Juli. Von mit Pestiziden oder Düngemitteln behandelten Flächen ist beim Sammeln von Wildpflanzen abzusehen. Die Schutzbestimmungen für Pflanzen der heimischen Flora sind zu beachten. Die Blüten und Blätter oben genannter Pflanzen können verfüttert werden, mit Ausnahme der Blätter des Holunderstrauches.

Kulturpflanzen (Am besten solche aus biologischem Anbau, keine gespritzten Blumen): Begonienblüten (*Begonia spec.*), Dahlienblüten und -blätter (*Dahlia spec.*), Hibiskusblüten und -blätter (*Hibiscus spec.*), Magnolienblüten (*Magnolia spec.*), Petunienblüten (*Petunia spec.*), Rosenblüten und -blätter (*Rosa spec.*), Brombeer-, Himbeer- und Erdbeerblätter.

Keimlinge / Sprossen: Erbsen, Linsen, Luzerne, Mungobohnen, Sojabohnen, Sonnenblumen, Weizen.

Küchenkräuter: Basilikum, Dill, Kresse, Liebstöckel, Petersilie, Rosmarin, Salbei, Zitronenmelisse.

Gemüse: Broccoli, Bohnen, Chicorée, Chinakohl, Endivie, Fenchel, Gurke, Karotten, Kürbis, Luzerne, Mais, Okra, Porree, Radicchio, Rote Beete, Rucola-, Endivien- und Romana-Salat, Sellerie, Zucchini.

Obst sollte nur selten und in geringen Mengen zusätzlich angeboten werden. In Betracht kommen: Bananen, Mango, Melone, Papaya, Erdbeeren und Kernobst, wie Äpfel, Birnen, Trauben, Kirschen ohne Kerne.

Tipp: Eine umfangreiche Auflistung und Analyse von Futtertieren und -pflanzen beschreibt MÜLLER (2010), siehe Literaturverzeichnis.

Ergänzungsfuttermittel

Unter Terrarienbedingungen sollten Bartagamen, Zwergbartagamen und Australische Taubagamen zusätzlich mit Vitaminen und Mineralstoffen versorgt werden: Vitamin A, B, C, D (besonders Vitamin D_3), E und K, Kalzium, Natrium, Phosphor und Rohprotein. Bei einer abwechslungsreichen, gehaltvollen Ernährung kommt es normalerweise nicht zu einem Mangel an Vitaminen. Unabdingbar hingegen ist eine ständige Versorgung mit Kalzium. Kalzium ist vor allem in Knochen vorhanden und wird von trächtigen Weibchen zusätzlich zur Ausbildung der Eier benötigt. Gerade Jungtiere und trächtige Weibchen haben einen erhöhten Bedarf. Um diesen zu decken, stellt man zum Beispiel ständig ein Gefäß mit zerbröselter bezie-

hungsweise zerriebener Sepiaschale (Bestandteil des Tintenfisches), welche man im Vogelbedarf erwerben kann, in das Terrarium. Aber auch Muschelkalk und Taubengrit erfüllen diesen Zweck. Der Handel bietet eine Vielzahl von Produkten wie z.B. Reptix Mineral und Reptix Vital zur Supplementierung an. Beim Tierarzt ist das hochwertige Mineralstoff-Vitaminpräparat Korvimin ZVT + Reptil erhältlich. Neu auf dem Markt und nach den neuesten Erkenntnissen zusammengestellt ist das Ergänzungsfuttermittel Herpetal. Man verabreicht diese Präparate bei mindestens jeder zweiten Fütterung mit damit bestäubten Insekten. Diese sollten kontrolliert angeboten werden, um die Versorgung jedes einzelnen Tieres zu sichern. Zu beachten ist, dass sich Vitamine bei Wärme zersetzen, daher also kühl gelagert werden sollten.

Wasserbedarf

Bei Echsen in menschlicher Obhut resultiert nach KÖHLER, GRIESSHAMMER & SCHUSTER (2003) ein erschreckend großer Teil von Erkrankungen aus chronischem Wassermangel, und das selbst bei Tieren, denen ständig Wasser zugänglich ist. Australische Agamen sind Bewohner niederschlags-

Pogona vitticeps

armer, trockener Gebiete. Die Tiere nehmen Wasser hauptsächlich über die Nahrung oder den morgendlichen Tau auf. Den Verlust von Feuchtigkeit beschränken sie auf ein Minimum. Sie suchen mikroklimatisch günstige Bereiche, wie etwa luftfeuchte Höhlen, auf. So schützen sie sich im Verbreitungsgebiet an heißen Sommertagen vor übermäßiger Verdunstung und regulieren ihre Körpertemperatur. Kot und Urin setzen sie sehr konzentriert ab. Im Terrarium sollte der Bodengrund morgens ordentlich überbraust werden, um eine Luftfeuchtigkeit von 50 bis 60 % zu erreichen. Mit steigenden Temperaturen sollte diese jedoch schnell auf etwa 30 % abfallen. Bei der Installation der Belüftungsflächen ist also darauf zu achten, dass die Feuchtigkeit auch rasch aus dem Behälter abziehen kann. Ein großer Teil der benötigten Flüssigkeit wird auch im Terrarium über die Nahrung gewonnen. Obst und zu wasserhaltige Gemüsesorten, wie z.B. Gurken, können aber Durchfall oder sehr weichen Kot verursachen. Anhaltender Durchfall kann schließlich zu einer Dehydrierung führen. Neben der richtigen Futterauswahl muss der Pfleger auch immer für ein Gefäß mit frischem Wasser sorgen, welches angesichts der Gefahr des Ertrinkens aber nicht zu tief gewählt werden darf.

Einige Exemplare baden gerne in den Gefäßen und nehmen hier zusätzlich Wasser auf. Trotz angebotener Wasserschale sieht man die Tiere jedoch nicht häufig trinken. MÜLLER & KOHLMEYER (2005) berichten, dass Bartagamen häufig vor Einschalten der Terrarienbeleuchtung Wasser zu sich nehmen und daher einer Beobachtung entgehen. Christian Freynik beobachtete bei seinen Zwergbartagamen erst nach vier Jahren Pflege das aktive Trinken aus einem Napf. Australische Taubagamen nehmen flache Wasserschalen gut an. Alternativ – aber nicht zu oft – kann man seine Tiere kontrolliert mit Flüssigkeit versorgen. Dazu tropft man mit einer Pipette vorsichtig Wasser auf die Schnauzenspitze, bis es aufgeleckt wird. Ist der Bedarf gedeckt, stellen die Tiere das Lecken ein oder schütteln unmissverständlich ihren Kopf, um die Wassertropfen loszuwerden. FITZGERALD (1983) berichtet, dass Bartagamen bei einem Benetzen mit Wasser ihren Körper abflachen und den vorderen Körperteil schräg nach unten neigen. Dieses Verhalten bestärkt nach MÜLLER (2010) die Vermutung, dass größere, leicht gekielte Schuppen eine kapillare Wirkung besitzen und dem Transport von Flüssigkeit über den Körper bis zum Maul dienen könnten.

PFLEGE

Hygiene

Tägliche Reinigungsarbeiten sind unabdingbar und sollten selbstverständlich sein. Hierzu zählt das Aufsammeln von Kot und Urin, erkennbar am verklumpten Sand. Bedingt durch das warme, wenig luftfeuchte Klima trocknet Kot recht schnell, sodass er leicht beseitigt werden kann. Bartagamen nutzen regelrechte Toilettenplätze, die sie zum Abkoten aufsuchen. Futterreste sowie nicht gefressene Insekten sind ebenso aus dem Terrarium zu entfernen. Bei der Pflege mehrerer Terrarien verwendet man verschiedene Hilfs- und Einrichtungsgegenstände, um der Übertragung von Krankheiten vorzubeugen. Nach gründlicher Reinigung (etwa im Backofen) kann man diese jedoch weiterverwenden. Das tägliche Wechseln des Trinkwassers und das Säubern von Einrichtungsgegenständen sollte zur Routine werden. Der Bodengrund sollte – wie bereits erwähnt – je nach Verschmutzung regelmäßig gewechselt werden, mindestens jedoch ein- bis zweimal im Jahr. Nach dem Hantieren in einem Terrarium verwendet man desinfizierende Mittel für die Hände oder wäscht sie gründlich mit Seife ab.

Greifen und Halten

Zuallererst sei darauf hingewiesen, dass Agamen Wildtiere sind, die es nur dulden angefasst zu werden, ohne dies zu genießen. Sicherlich zählen alle drei hier beschriebenen Arten zu den zutraulichsten, die dem Pfleger gegenüber wenig Scheu zeigen. Berührungen sollten jedoch auf ein Minimum beschränkt sein und nur dann erfolgen, wenn sie, wie zum Beispiel bei größeren Reinigungsarbeiten im Terrarium, Kontrollen oder Transporten, unbedingt erforderlich sind.

Ihrem ruhigen Wesen entsprechend ist der Umgang mit den Tieren nicht allzu schwer; trotzdem sollte man den „Charakter" seines Pfleglings berücksichtigen. Die Agame sollte nicht von oben gegriffen werden, da Prädatoren, wie z.B. Greifvögel, ebenfalls aus der Luft jagen. Wichtig beim Ergreifen des Tieres ist, dass die Beine nicht frei in der Luft hängen, sondern die Handfläche als Auflage genutzt wird. Dabei greift man am besten von vorne unter den Körper und hebt das Tier langsam vom Untergrund ab. Mit dem Daumen kann man jetzt den Körper fixieren

Winterruhe

Agamen aus den Trockengebieten Australiens sind wegen ihrer poikilothermen, d.h. wechselwarmen Lebensweise von den Jahreszeiten abhängig. Um die kalten und nahrungsarmen Monate in ihrem natürlichen Lebensraum überdauern zu können, wird der Stoffwechsel miniert, um möglichst wenig Energie zu verbrauchen. Die Herzfrequenz und die Atmung werden ebenfalls extrem heruntergefahren. Bewegungen sind dann auf ein Minimum reduziert. Die Durchführung und Einhaltung einer jährlichen Hibernation, Winterruhe, im Terrarium ist nicht nur für den ausgewogenen Hormonhaushalt erforderlich, sondern auch für ein intaktes Immunsystem und ein korrektes Wachstum. Meist bestimmen die in diesem Buch porträtierten Agamen den Zeitpunkt ihrer Winterruhe selbstständig, indem sie zunehmend inaktiv werden, angebotene Nahrung verweigern und sich schließlich komplett zurückziehen. Dies hängt neben der „inneren Uhr" mit dem hiesigen Klima zusammen. So kann die Winterruhe in unseren Breitengraden schon im September eingeleitet werden. Nur gesunde, gut genährte, parasitenfreie und nicht trächtige Tiere dürfen überwintert

werden. Leitet man die Winterruhe durch Verringerung der Beleuchtungszeit und somit auch der Temperatur ein, sind einige Dinge zu beachten. Zuerst sollte eine negative Kotprobe vorliegen, um einen Befall mit Endoparasiten auszuschließen. Über einen Zeitraum von einer Woche bietet man schließlich kein Futter mehr an. Über weitere ein bis zwei Wochen wird die Beleuchtung stufenweise auf sechs Stunden täglich heruntergeregelt. Die Terrarienbeleuchtung kann schließlich komplett ausgeschaltet werden. Die Temperaturen im Terrarium entsprechen nun der Raumtemperatur, also in etwa 18-22°C. Auch kühlere Temperaturen werden problemlos überstanden. MÜLLER (1998) gibt sogar für Australische Taubagamen eine Temperatur von 13-17° C an. Über den gesamten Zeitraum der Winterruhe wird kein Futter angeboten. Frisches Wasser sollte vorsorglich zur Verfügung stehen. Exemplare der Bartagamen, Zwergbartagamen und Australischen Taubagamen verbringen ihre Winterruhe recht unterschiedlich. Die meisten Tiere ziehen sich in Verstecke zurück, andere liegen offen sichtbar auf Einrichtungsgegenständen, wieder andere graben sich im Substrat ein. Während der Zeit der Winterruhe lässt man die Agamen völ-

Bevor *Pogona*-Arten beim Gefühl der Bedrohung die Flucht ergreifen, spreizen sie oft den Bart und reißen das Maul auf.

Eigene Nachzuchten, wie diese jungen Bartagamen, sind die Krönung der Echsenhaltung und bereiten ihrem Züchter trotz der zusätzlichen Arbeit sehr viel Freude.

lig in Ruhe. Einzig der Gesundheitszustand der Tiere sollte gelegentlich überprüft werden. Nimmt man die Agame auf die Hand, sollte sie ihre Augen öffnen. Eine schmierige Kloake oder gar Außenparasiten sollten ausgeschlossen werden. Über den Zeitraum der Winterruhe büßen die Tiere nur wenig Gewicht ein. Sind die Temperaturen im Terrarium zu hoch, wird zu viel Energie verbraucht, was genauso wie ein eventueller Endoparasitenbefall zu einer Gewichtsabnahme führt. Bei diesen Krankheitssymptomen wird die Winterruhe abgebrochen. Bei einem normalen Verlauf wird die Beleuchtungsdauer nach mindestens 2 Monaten Winterruhe stufenweise wieder auf 12 bis 14 Stunden täglich gesteigert. Mit dem daran gekoppelten Temperaturanstieg beenden die Tiere ihre Winterruhe. In den warmen Sommermonaten können sich vereinzelt Tiere, analog ihrem Verhalten im natürlichen Lebensraum, ebenfalls zurückziehen, was keinen Grund zur Besorgnis darstellen muss. Die Agamen verbringen dann eine Art Sommerruhe. Jungtiere können ab einem Alter von etwa drei Monaten überwintert werden.

Haltungsfehler vermeiden

Sich das nötige Grundwissen zur Haltung von Reptilien anzueignen, fällt nicht schwer, gibt es doch mannigfaltige Fachliteratur, die hilft, auch speziellere Themengebiete zu vertiefen. Haltungsbeschreibungen aus dem Internet sind gerade für den Laien mit Vorsicht zu genießen, da hier oftmals nicht zwischen brauchbaren und fehlerhaften Informationen unterschieden werden kann. Die folgende Auflistung soll helfen, Haltungsfehler zu vermeiden:

• Nur ein Terrarium angemessener Größe ist für die Pflege geeignet.
• Das Terrarium ist durch die Einrichtung gut strukturiert und bietet allen Pfleglingen ausreichend Rückzugsmöglichkeiten.
• Alle Einrichtungsgegenstände werden gegen Einfallen/Umstürzen oder Untergraben gesichert.
• Nur spezielle/geeignete Leuchtmittel erfüllen den Bedarf an Lichtintensität und -farbe.
• Für jedes Tier sollte möglichst ein Sonnenplatz zur Verfügung stehen.
• Die benötigte Technik wird für die Tiere unerreichbar und durch einen

Fachmann angebracht.

• Die Ansprüche an Temperatur und Luftfeuchtigkeit sind zu erfüllen..

• Auch kühle, schattige Bereiche müssen im Terrarium vorhanden sein (Temperaturbereiche).

• Es darf keine direkte Sonneneinstrahlung auf das Terrarium treffen (Überhitzungsgefahr).

• Zur Trennung bei innerartlichen Auseinandersetzungen oder zur Quarantäne sollte ein zweites Terrarium zur Verfügung stehen.

• Bei Neuzugängen oder erstem Erwerb sollte eine Quarantäne durchgeführt werden.

• Ein Zimmeraufenthalt außerhalb des Terrariums birgt viele Gefahren und ist daher abzulehnen.

• Die Ernährung der Tiere sollte immer so abwechslungsreich und gehaltvoll wie möglich gestaltet werden

• Futter sollte man regelmäßig mit Vitaminpräparaten bestäuben.

• Frisches Wasser und eine Kalziumquelle sollten ständig zur Verfügung stehen.

• Häutungen sollten auf eventuelle Probleme überwacht und gegebenenfalls unterstützt werden.

• Es sollte eine stetige Kontrolle auf äußere Mangelerscheinungen/Parasiten erfolgen.

• Regelmäßige Kotproben geben Aufschluss über einen eventuellen Befall durch Endoparasiten.

• Nie zwei männliche Bartagamen im selben Terrarium halten.

• Die Tiere sollten so selten und so stressfrei wie möglich und nur, wenn es absolut notwendig ist, in die Hand genommen werden.

• Verschmutzungen (Ausscheidungen, Futterreste) sollten umgehend entfernt werden.

• Zum Entfernen von Kot und zur Fütterung werden unterschiedliche Hilfsmittel eingesetzt.

Trächtige Weibchen wie diese Zwergbartagame benötigen einen zur Eiablage geeigneten Platz, um nicht in Legenot zu geraten.

Krankheiten

Häufig sind Fehler in der Haltung die Ursache einer Erkrankung. So kann eine zu hohe Luftfeuchtigkeit ebenso wie unhygienisches „Handling" oder falsche Ernährung Krankheiten verursachen. Kotproben sollten mindestens einmal im Jahr vorsorglich oder im Verdachtsfall untersucht werden. Getestet wird auf Endoparasiten. Auffälligkeiten im Verhalten oder bei der Nahrungsaufnahme können z.B. Anlass dazu geben. Die Proben werden möglichst frisch und frei von Bodenmaterial in fest verschließbaren Behältnissen, so z.B. in Filmdosen, gegebenenfalls mit etwas Wasser angefeuchtet, verschickt bzw. transportiert. Institute sowie reptilienkundige Tierärzte findet man in diesem Buch sowie auf der Internetpräsenz des VIVARIA Verlags oder der DGHT (http://www.dght. de). Dieses Buch kann keine umfassende Auflistung möglicher Symptome und Krankheiten aufzeigen. Hier empfiehlt sich die zusätzliche Anschaffung von Literatur, die sich speziell mit Krankheiten von Reptilien beschäftigt, wie z.B. „Krankheiten der Amphibien und Reptilien" von Gunther KÖHLER aus dem Ulmer Verlag. Bei Verletzungen, äußerlichem Parasitenbefall oder auffälligen Verhaltensweisen ist unmittelbar ein reptilienkundiger Tierarzt aufzusuchen, um geeignete Maßnahmen abzusprechen und diese durchzuführen. Normale Tierärzte wären (verständlicherweise) mit solchen „Exoten" überfordert.

Rachitis, wie bei dieser Bartagame *Pogona vitticeps*, ist eine irreversible Verkrüppelung des Skelettes und der Gliedmaßen.

ZUCHT

Paarung

Mit steigenden Temperaturen und längeren Beleuchtungszeiten kommt der „Frühling" ins Terrarium, und die Agamen beenden ihre Winterruhe. Für eine erfolgreiche Zucht ist das Einhalten der Ruheperiode Voraussetzung. Eine separate Haltung der Geschlechter wirkt dabei stimulierend auf die Fortpflanzungsbereitschaft. Die Paarungszeit wird wenige Zeit später durch ein ausgeprägtes Territorial- und Balzverhalten des Männchens eingeleitet. Häufig kann man nun das im Kapitel „Verhalten" geschilderte „Kopfnicken" und „Armwinken" beobachten. In dieser Zeit wirken die Männchen recht ungestüm und können die Nahrungsaufnahme verringern. Bei einer erfolgreichen Paarung beißt das Männchen entweder vom Rücken aus oder seitlich in den Halsbereich des Weibchens. Ein Vorder- und Hinterbein auf dem Rücken des Weibchens bieten zusätzlichen Halt. Durch rüttelnde und reibende Bewegungen an der Schwanzbasis wird das Weibchen dazu animiert, seinen Schwanz zu heben. Das Männchen schiebt sich seitlich unter die Schwanzbasis des Weibchens und führt seinen Hemipenis in die Kloake ein. Die Kopulation dauert bei Australischen Taubagamen nur wenige Sekunden, kann aber bei Zwergbart- und Bartagamen mehrere Minuten dauern. Wäh-

Bei der Paarung, wie hier bei *Pogona henrylawsoni*, schiebt sich das Männchen seitlich unter die Schwanzbasis des Weibchens.

rend dieser Zeit wird der Paarungs-biss in der Regel nicht gelöst, die Kopulation kann aber auch ohne ihn erfolgen. Gerade für ungeübte Beobachter kann eine Paarung im ersten Moment brutal aussehen. Paarungen können im Terrarium das ganze Jahr über, täglich vermehrt stattfinden. Nach der Paarung sollte man das dem Weibchen nachstellende Männchen separieren.

Agamenweibchen produzieren mehrere Gelege pro Saison. Die Weibchen der Zwergbartagame können zum Beispiel bis zu fünf Mal in einer Saison Eier legen (KLARSFELD 2005) Bei einer durchschnittlichen Zahl von 14 Eiern pro Gelege würde das etwa 70 Nachkommen bedeuten. Die Begrenzung zur Schonung der Weibchen liegt in der Verantwortung des Halters. Vor allem produktiven Weibchen sollte eine Ruhephase gegönnt werden, um einer körperlichen Auszehrung entgegenzuwirken. Sie müssen vor allem während ihrer Trächtigkeit besonders abwechslungsreich ernährt und mit Vitaminen und Mineralstoffen versorgt werden. Durch die Ausbildung der Eier steigt ihr Bedarf an Kalzium und Nahrung.

Speziell bei der Zwergbartagame hat der Züchter außerdem eine weitere Verantwortung. Der große Terrarienbestand von P. henrylawsoni in Deutschland darf nicht darüber hinwegtäuschen, dass er vermutlich von nur einem einzigen, trächtig importierten Weibchen abstammt. Innerhalb der Zucht treten deshalb verhältnismäßig oft Anomalien auf, die nicht auf eine Unterversorgung oder auf falsche Inkubationsbedingungen zurückzuführen, sondern genetisch veranlagt und irreparabel sind. Diese Anomalien äußern sich durch Knick-/Rollschwänze oder durch eine deformierte Wirbelsäule („Buckel"). Betroffene Tiere sollten vom Züchter fachgerecht abgetötet werden, da sich die Anomalien im Laufe der Zeit verschlimmern und schließlich zum qualvollen Tod der Agame führen (DIECKMANN 2007). Die Elterntiere dürfen nicht länger zur Zucht eingesetzt werden. Aufgrund des vorhandenen beschränkten Genpools sollte bei der Zucht verantwortungsvoll vorgegangen werden. Dazu gehört, nur gut genährte, adulte Exemplare zur Paarung zu vergesellschaften. Im Terrarium können die beschriebenen Agamen ihre Geschlechtsreife bereits mit einem Jahr erreichen. Weiterhin sollte man keine direkt miteinander verwandten Tiere zur Zucht einsetzen. Eine Vergesellschaftung verschiedener Arten der Gattung Pogona ist wegen der Gefahr der Bastardisierung generell abzulehnen.

Das Gelege der Bartagame *Pogona vitticeps* kann bis zu 35 Eier umfassen.

Eier können bei bevorstehendem Schlupf zu schwitzen anfangen.

Der anstrengende Schlupfakt kann bis zu 24 Stunden dauern.

Bis auch das letzte Jungtier geschlüft ist, kann mehr als eine Woche vergehen.

Bis der Dottersack aufgezehrt ist, setzt man die Tiere einzeln in Heimchendosen.

Bartagamen messen beim Schlupf knappe 9 cm, ausgewachsen bis zu 55 cm.

Pogona vitticeps Schlüpflinge wiegen gerade einmal 3 Gramm.

Bartagamen Nachzuchten können zunächst in Gruppen aufgezogen werden.

Eiablage und Inkubation

Nach erfolgreicher Paarung folgt eine mehrwöchige Trächtigkeit. Sie dauert sowohl bei der Bartagame als auch Zwergbartagame sowie der Australischen Taubagame etwa 6 Wochen. Die Agamenweibchen sind in der Lage, Samen zu speichern (*Amphigonia retardata*) und können so auch in nachfolgender Einzelhaltung noch bis zu 3 befruchtete Gelege ausbilden (RUF 2005). Einzeln gehaltene Weibchen können aber auch ohne vorherige Verpaarung Gelege ausbilden, so genannte Wachseier, die unbefruchtet sind. Mit zunehmender Trächtigkeit zeichnen sich die Eier immer deutlicher im Bauch ab. Zur Eiablage sollte eine mäßig feucht gehaltene, temperierte Stelle aus etwa 20 cm hohem, grabfähigem Substrat geschaffen werden, in der das Weibchen seine Eier vergräbt. Bei Australischen Taubagamen scheitert die Nachzucht oft an nicht geeigneten, ausreichend tiefen Ablageplätzen (persönliche Mitteilung PETER FRITZ). Bei der Zwergbartagame werden Eiablagestellen im Wurzelbereich von eingebrachten Pflanzen anscheinend bevorzugt, wie DIECKMANN (2007) beobachten konnte. Auf der Suche nach einer geeigneten Eiablagestelle gehen Agamenweibchen wählerisch vor und führen übli-

cherweise über mehrere Tage Probegrabungen durch. Steht kein geeigneter Platz für die Eiablage zur Verfügung, kann das Weibchen schlimmstenfalls an den Folgen einer Legenot verenden. Unter Legenot versteht man die Unfähigkeit, reife Eier abzusetzen, verursacht zum Beispiel auch durch Krankheit, zu niedrige Temperaturen oder einen Mangel an Vitaminen und vor allem Mineralstoffen. Stress, verursacht durch andere Terrarieninsassen, wie z.B. ein anhaltend balzendes Männchen, kann das Weibchen ebenfalls an der Ablage hindern. Hier empfiehlt sich generell eine Separierung des trächtigen Weibchens. Das Weibchen kann die Eier aber auch verwerfen, das heißt, das Gelege wird nicht eingegraben, sondern verstreut im Terrarium abgesetzt. Dieses Verwerfen der Eier beobachtet man oft bei unbefruchteten Gelegen.

Die Nahrungsaufnahme kann bei bevorstehender Eiablage eingestellt werden. Hat das Weibchen schließlich eine geeignete Stelle gefunden, wird mit den Vorderbeinen ein Gang gegraben, der bis zu einem Vielfachen der Gesamtlänge des Weibchens ausmachen kann. Während der anstrengenden Prozedur der Eiablage werden mehrere Pausen eingelegt. In der Regel werden bei

Bartagamen 4-35 Eier (KÖHLER 2004) abgesetzt. Für die Zwergbartagame wird eine Gelegegröße von 9-23 Eier angegeben (DIECKMANN 2007). Christian Freynik konnte bei seinen Zwergbartagamen aber auch Gelege von 4 beziehungsweise 28 Eiern beobachten. Bei Australischen Taubagamen werden Gelegegrößen von 4-12 Eiern beschrieben (MÜLLER 1998). Gelege werden anschließend mit den Vorder- und Hinterbeinen zugeschaufelt. Unter Zuhilfenahme des Schwanzes und des Kopfes wird die Eiablagestelle nun „unkenntlich" gemacht, beziehungsweise verfestigt. Die Weibchen wirken nach dem anstrengenden Vorgang erschöpft und ausgezehrt. Eine weitere Brutfürsorge erfolgt nicht, sodass die Eier angesichts der für die Inkubation schlechten klimatischen und hygienischen Verhältnisse im Terrarium schnellstmöglich in einen Inkubator überführt werden sollten. Mit einem weichen Pinsel werden die Eier dazu vorsichtig freigelegt und zum Beispiel in ausrangierte, gründlich gereinigte Heimchendosen überführt, die zur Hälfte mit Brutsubstrat (z.B. Vermiculit) gefüllt sind. Die Eier dürfen besonders in der Längsachse nicht gedreht werden, denn dies hätte das Absterben des Embryos zur Folge. Vorsichtig bettet man die Eier ganz oder nur zur Hälfte in das temperierte Brutsubstrat, das mit Wasser vermischt wird. Das Gewichtsverhältnis beträgt auf 100 g Vermiculit 75 g Wasser (RUF 2005). Das Substrat sollte sich nur mäßig feucht anfühlen, und beim Zusammenpressen darf kein Wasser mehr austreten. Anschließend wird das Gelege in einen fertig gekauften oder einen selbst konstruierten Inkubator überführt. Um gesunde Eier in ihrer Entwicklung nicht zu gefährden, sollten verdorbene bei der Inkubation entfernt werden. Die Größe der Eier beträgt bei *Pogona vitticeps* etwa 23-29 mm (JOHNSTON 1979) bei *Pogona henrylawsoni* im Durchschnitt zirka 19 mm und bei *Tympanocryptis tetraporophora* im Mittelwert zirka 14,3 mm (MÜLLER 1998). Bei annähernd 100 % Luftfeuchtigkeit sollte die Inkubationstemperatur bei allen drei Arten etwa 27-32°C betragen (vergleiche KÖHLER 2004, FREYNIK 2007, MÜLLER 1998).

Neueste Forschungen zeigen, dass sich in einem Temperaturbereich von 22 bis 32°C ein ausgeglichenes Geschlechtsverhältnis entwickelt. Ab 34 bis 37°C entwickeln sich aber fast nur Jungtiere mit weiblichen Merkmalen. Selbst genotypische Männchen, also Tiere mit zwei Z-Chromosomen und ohne W-Chromosom, entwickelten sich bei solch hohen Inkubationstem-

peraturen zu phänotypischen Weibchen. Es ist aber noch nicht bekannt,
ob sie nach dem Heranwachsen diese Geschlechtsprägung behalten und
fertil sind (QUINN et al. 2007). Sollten
sie sich wirklich als Weibchen fort-
pflanzen, können nur männliche
Nachkommen hervorbringen, da keiner der Fortpflanzungspartner dann
ein W-Chromosom besitzt.

Eine Routinearbeit während der Inku-
bationsdauer ist das Nachfeuchten des
Substrats. Die Menge der Zugabe von
Wasser richtet sich nach dem Feuch-
tigkeitsverlust, der sich durch Verdunstung oder durch Aufnahme in die Eier
ergibt, wodurch diese an Volumen
zunehmen. Der gemessene Gewichts-
verlust von Heimchendose mit Substrat und Eiern wird durch Zugabe von

Wasser ausgeglichen. Die Eier dürfen
nicht in direkten Kontakt mit Wasser
kommen, auch nicht über tropfendes
Kondenswasser. Bei Australischen
Taubagamen kann schon ein Tropfen
zum Absterben des betroffenen Eies
führen (persönliche Mitteilung PETER
FRITZ). Bei *Pogona vitticeps* schlüp-
fen die Jungen bei 26°C nach 89-96
(EHMANN 1992) beziehungsweise bei
27-31°C nach 55-86 Tagen (KÖH-
LER 2004), bei *Pogona henrylawsoni* bei 27-33°C nach 47-59 Tagen
(DIECKMANN 2007), bei *Tympanocryptis tetraporophora* bei 29-30°C nach
45-48 Tagen (MÜLLER 1998). Grundsätzlich gilt, wie bei allen Reptilien, je
niedriger die Inkubationstemperatur,
desto länger die Schlupfdauer.

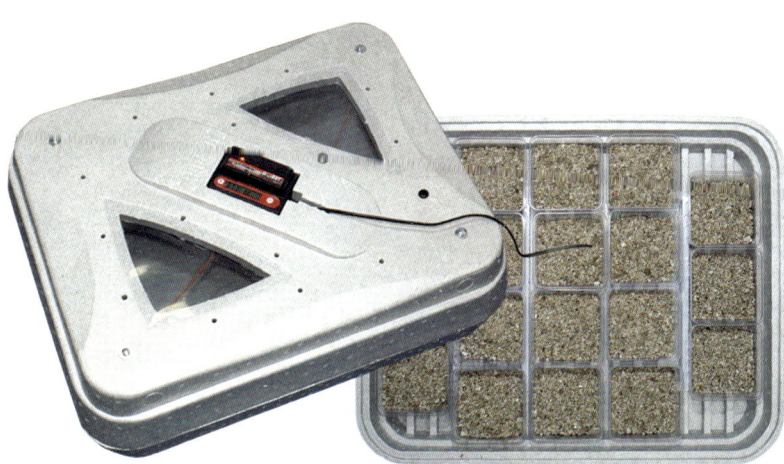

In Brutapparaten lassen sich auf Plastikdosen verteilt Eier mehrerer Gelege oder bei ähnlichen Inkubationstemperaturen Gelege mehrerer Arten gleichzeitig bebrüten.

Schlupf und Aufzucht

Eier können bei bevorstehendem Schlupf zu schwitzen anfangen und kleine Einbuchtungen aufweisen. Stunden darauf ritzen die kleinen Agamen mit einem winzigen Eizahn die Hülle an und beginnen mit dem kräftezehrenden Schlupfakt, der bis zu 24 Stunden dauern kann. Da die Bauchdecke meistens noch nicht geschlossen ist und der Dottersack erst noch aufgezehrt werden muss, setzt man die Tiere einzeln in Heimchendosen, deren Boden mit feuchtem Küchenrollenpapier bedeckt wird, und belässt diese im Inkubator. Ist der Dottersack nach etwa einem Tag dann vollständig resorbiert (Bauchunterseite betrachten), werden die Jungtiere unter den gleichen Bedingungen wie adulte Tiere aufgezogen. Jungtiere mit einem Dottersackrest werden, bis dieser vollständig resorbiert ist, separiert. Es besteht die Gefahr, dass die Geschwister in das für sie verlockend farbige Anhängsel beißen und dem Tier durch Zerren möglicherweise tödlich endende Verletzungen zufügen.

Was die Größe der Schlüpflinge betrifft, so weisen Bartagamen eine Gesamtlänge von zirka 90 mm (Johnston 1979), Zwergbartaga-men von durchschnittlich 72 mm (Dieckmann 2004) bis annähernd 80 mm (Freynik 2007) und Australische Taubagamen von etwa 51-54 mm (Müller 1998) auf.

Um während der Aufzucht eine übermäßige orale Sandaufnahme, die zu tödlicher Verstopfung führen kann, zu vermeiden, empfiehlt sich die Haltung auf Zellstoff, also zum Beispiel auf Küchenrollenpapier. In den ersten Tagen zehren die Jungtiere noch von ihrem Dottervorrat, weshalb Nahrung meistens erst nach 2 bis 3 Tagen akzeptiert wird. Pflanzliche Nahrung sollte den juvenilen Tieren immer zur Verfügung stehen, tierische wird kontrolliert unter Aufsicht gefüttert. Futtertiere werden einzeln oder in geringen Mengen angeboten, um einer stressigen Überreaktion vorzubeugen. Die Insekten werden mit Vitamin/Mineralstoff-Präparaten eingestäubt und – am besten zweimal täglich – verfüttert. Frisches Wasser, ebenso wie eine Kalziumquelle, sollte von Anfang an ständig zur Verfügung stehen.

Die ersten zwei bis drei Wochen können die Nachzuchten in größeren Gruppen gemeinsam aufgezogen werden. Danach können 3 bis 5 Jungtiere zusammen untergebracht werden. Für die Aufzucht empfehlen sich zunächst Standardterrarien mit den Maßen 80 x 40 x 50 cm (L x B x H) für Bartagamen, 60 x 40 x 40 cm (L x B x H) für Zwergbartagamen und 60 x 30 x 30 cm (L x B x H) für Australische Taubagamen. Dem Wachstum der Tiere sollten dann die Größen der Terrarien angepasst werden. Spätestens mit Erreichen der Geschlechtsreife werden männliche Tiere dann so unverträglich untereinander, dass sie separiert werden müssen.

Eine gute Strukturierung der Einrichtung, so z.B. durch Hölzer und/ oder Steine, ist bei der Aufzucht der Jungtiere wichtig, denn diese bietet ihnen unter anderem Rückzugsmöglichkeiten und hilft, Stress zu vermeiden. Unter den beschriebenen Agamen kann sich schon früh eine Rangordnung ausbilden, aus der unterdrückte und schlechter entwickelte Jungtiere hervorgehen können. Um dem entgegenzuwirken, kann gänzlich auf erhöhte Sitzplätze verzichtet werden, oder aber man errichtet im Terrarium ein Plateau, auf dem mehrere Tiere gleichzeitig einen erhöhten Aussichtspunkt einnehmen können. Schwache, deutlich kleinere und unterdrückte Tiere, ebenso wie Exemplare, die kannibalistische Vorlieben entwickeln (Schwanz-/

Zehenbeißen), sollte man separat aufziehen.

Bezüglich Beleuchtung vor allem in den meist kleineren Aufzuchtterrarien empfiehlt es sich, als UV- und Lichtquelle nicht auf große Strahler – wie im Teil Terrarientechnik beschrieben – zurückzugreifen, sondern die im Handel erhältlichen Leuchtstoffröhren mit UV-Anteilen oder UV-Kompaktlampen zu verwenden.

Besondere Beachtung sollte bei der Aufzucht auch die Häutung finden. Verläuft diese nämlich nicht reibungslos, so können Häutungsreste betroffene Körperpartien, meist Zehen und Schwanzspitze, empfindlich einschnüren, sodass diese durch die zu geringe Blutzirkulation absterben. Eine Erhöhung der Luftfeuchtigkeit oder das Schaffen feuchter Stellen im Terrarium löst das Problem meistens schon. Gegobenenfalls werden betroffene Partien mit Jojoba- oder Olivenöl eingerieben und damit aufgeweicht, bis die Hautfetzen vorsichtig manuell entfernt werden können. Ein Bad in lauwarmem Wasser kann die Häutung ebenfalls positiv beeinflussen, einige Tiere reagieren hierauf jedoch panisch.

Ein Geschlechtsdimorphismus ist bei Australischen Taubagamen gering ausgeprägt, trächtige Weibchen erkennt man aber an der markanten Graufärbung von Hinterkopf und Kopfseiten.

Tympanocryptis tetraporophora Nachzuchten, hier ein etwa 5 Wochen altes Exemplar, messen beim Schlupf knapp über 50 mm. Die Färbung ist grauer und dunkler als die adulter Tiere.

ADRESSEN & ZEIT-SCHRIFTEN

Herpetologische Gesellschaften und Organisationen

Bundesverband praktischer Tierärzte e.V., Hahnstraße 70, 60528 Frankfurt, Tel.: 0 69/66 98 18-0, www.tieraerzteverband.de, BPT-eV@t-online.de

Deutsche Gesellschaft für Herpetologie und Terrarienkunde (DGHT) e.V., Geschäftsstelle, Postfach 1421, 53351 Rheinbach, Tel.: 0 22 25/70 33 33, www.dght.de, gs@dght.de

Verband deutscher Vereine für Aquarien- und Terrarienkunde (VDA), Luxemburger Straße 16, 44789 Bochum, Tel.: 02 34/38 16 50, www.vda-online.de, E-Mail: info@vda-online.de

Zentralverband Zoologischer Fachbetriebe Deutschlands e.V. (ZZF), Postfach 14 20, 63204 Langen, Tel.: 0 61 03/91 07-0, www.zzf.de, info@zzf.de

Österreich

Herpetologische Terraristische Vereinigung Österreichs (HTVÖ), Postfach 60, A-1225 Wien, Tel.: 00 43-06 64/2 43 66 06,www.htvoe.at, info@htvoe.at

Österreichische Gesellschaft für Herpetologie (ÖGH), c/o Naturhistorisches Museum Wien, Burgring 7, A-1014 Wien, Tel.: 00 43-01/52 17 72 86, www.nhm-wien.ac.at/nhm/herpet/index.htm, andreas.hassl@univie.ac.at

Österreichischer Verband für Vivaristik und Ökologie (ÖVVÖ), Hans Esterbauer (Präsident), Johann-Puch-Straße 27/III/5, A-4400 Steyr, Tel.: 00 43-0 72 52/8 35 44, hans.esterbauer@aon.at

Reptilienverein Austria (RVA), Alexander Svobofa, A-4840 Vöcklabruck, www.rva.at, webmaster@rva.at

Schweiz

IUCN/SSC Amphibia/Reptilia Group, R.E. Honegger, Zoo Zürich, Zürichbergstrasse 221, CH-8044 Zürich, www.zoo.ch, zoo@zoo.ch

SWISSHERP, gemeinsame Homepage diverser herpetologischer Organisationen in der Schweiz, Dr. Beat Akeret, Katzenruetistraße 5, CH-8153 Ruemlang, Tel.: 00 41-1/8 17 02 57, www.swissherp.org, Admin@swissherp.org

Forschungs- und Untersuchungsinstitute

Alphabiocare, Institut für Zoomorphologie, Zellbiologie und Parasitologie, c/o Prof. Dr. Mehlhorn, Universitätsstraße 1, Gebäude 26.03.00.70, 40225 Düsseldorf, Tel.: 02 11/ 8 11 28 53, mehlhorn@uni-duesseldorf.de

Laboklin, Mikrobiologisches und parasitologisches Institut, Postfach 18 10, 97668 Bad Kissingen, Tel.: 09 71/7 20 20, www.laboklin.de

Staatliches Veterinäruntersuchungsamt, Dr. Silvia Blahak, Westernfeldstraße 1, 32758 Detmold, Tel.: 0 52 31/91 16 40

Österreich

Veterinärmedizinische Universität Wien, Institut für Biochemie, Prof. Dr. Franz Schwarzenberger, Veterinärplatz 1, A-1210 Wien

Schweiz

Institut für Tierpathologie der Uni Bern, Herr Horst Posthaus, Länggas-Straße 122, CH-3012 Bern, Tel.: 00 41-3 16 31 24 00

Zeitschriften

DATZ, Die Aquarien- und Terrarienzeitschrift, Eugen Ulmer Verlag, Wollgrasweg 41, 70599 Stuttgart, Tel.: 07 11/45 07 01 06, Fax: 07 11/ 45 07 01 20, www.datz.de, info@ulmer.de

DRACO, **REPTILIA**, **TERRARIA**, Natur und Tier - Verlag, An der Kleimannbrücke 39-41, 48157 Münster, Tel.: 02 51/13 33 90, Fax: 02 51/ 1 33 39 33, www.ms-verlag.de, verlag@ms-verlag.de

IGUANA, Mitteilungszeitschrift der Arbeitsgemeinschaft Agamen und Leguane der DGHT, Postfach 1421, 53351 Rheinbach, Tel: 0 22 25/ 70 33 33, Fax 0 22 25/ 70 33 38, www.dght.de, gs@dght.de

HERPETOFAUNA, Herpetofauna Verlags GmbH, Postfach 1110, 71365 Weinstadt, Tel. und Fax: 0 71 51/ 60 06 77, www.herpetofauna.de, info@herpetofauna.de

SAURIA, Terrariengemeinschaft Berlin e.V., c/o B. Bruno Treu, Christstr. 10, 14059 Berlin, Tel.: 0 30/ 30 11 24 00, www.sauria.de, abo@sauria.de

GLOSSAR

adult: geschlechtsreif, erwachsen
Art: systematische Kategorie, die der Gattung untergeordnet ist
DGHT: Deutsche Gesellschaft für Herpetologie und Terrarienkunde
endemisch: regional begrenzt vorkommend
Endoparasiten: Innenparasiten
Familie: system. Kategorie, die der Gattung übergeordnet ist
Femoralporen: Hautdrüse bei Echsen, an den Oberschenkelinnenseiten
fertil: fruchtbar
Gattung: systematische Kategorie, in der mehrere Arten zusammengefasst werden
Genotyp: Gesamtheit der Gene eines Organismus
Genpool: Gesamtheit aller Genvariationen in einer bestimmten Population
Gesamtlänge (GL): Maßeinheit, von der Schnauzen- bis zur Schwanzspitze
Geschlechtsdimorphismus: Morphologische Unterschiede zwischen Männchen und Weibchen
Habitat: Lebensraum, Standort
heliophil: Sonne und Licht „liebend"
Hemipenis: Männchen betreffend, paariges Geschlechtsorgan bei Echsen und Schlangen
Herpetologie: Lehre von den Amphibien und Reptilien (griechisch: Herpeton = Ding)
Hibernation: Winterruhe, Winterstarre
Holotypus: Belegexemplar, nach dem eine Art beschrieben wurde

juvenil: nicht geschlechtsreif, Jungtier
Kopf-Rumpf-Länge (KRL): Maßeinheit, von der Schnauzenspitze bis zum Kloakenspalt
Kloake: gemeinsamer Ausgang von Darm, Harnblase und Geschlechtsorgan
medial: zur Mitte hin gelegen
Mikrohabitat: Lebensraum mit geringer räumlicher Ausdehnung
NT: Northern Territory, Bundesstaat im Norden Australiens
Ozelle: Fleck mit hellem/dunklem Kern und dunkler/heller Umrandung
Phänotyp: Erscheinungsbild, Gesamtheit aller äußerlich feststellbaren Merkmales eine Individuums
Population: Gesamtheit der in einem zusammenhängenden Areal vorkommenden Individuen
Prädator: Fressfeind
QLD: Queensland, Bundesstaat im Nordosten Australiens
semiadult: im Übergang zur Geschlechtsreife
Spezies (sp.): Art
Supplementierung: Ergänzung mit einzelnen Nährstoffen
Synonym: veraltete Bezeichnung, Alternativbezeichnung
Systematik: Klassifikation der Organismen
Taxonomie: Benennung und Zuordnung in einem System, siehe Systematik
Typusexemplar: siehe Holotypus
Thermoregulation: Steuerung der optimalen Körpertemperatur durch Aufwärmen und Abkühlen
Unterart: niedrigste Kategorie der Systematik, der Art untergeordnet

Pogona henrylawsoni, hier ein Männchen, zählen nach *Pogona vitticeps* zu den beliebsten Bartagamen.

Zwergbartagamen, hier ein trächtiges Weibchen, beanspruchen nicht so große Terrarien wie Streifenköpfige Bartagamen.

LITERATUR-VERZEICHNIS

ACKERMANN, T. (2006): Nutzung eines Wintergartens als Terrarienstandort für ein Wüstenterrarium. Teil 2: Die Bewohner: *Tympanocryptis tetraporophora*. Reptilia, Heft 60, Jahrgang 11 (4);

- & P. FRITZ (2006): Australische Taubagamen *Tympanocryptis tetraporophora*. Iguana, Heft 1/2006, S. 17-28

BADHAM, J.A. (1971): A Comparison of two variants of the Bearded Dragon Amphibolurs barbatus (Cuvier). Ph.D.thesis, University of Sydney, Sydney, 214 S.

- (1976): The Amphibolurus barbata species group (Lacertilia: Agamidae). Australian Journal of Zoology, 24: 423-443 S.

BARTHOLOMEW, G.A. & V.A. TUCKER (1963): Control of changes in body temperature, metabolism and circulation by the agamid lizard *Amphibolurus barbata*, Physiological Zoology, 36: 199-218 S.

BARTS, M & T. WILMS (2003): Die Agamen der Welt. In: Draco (D) 4 (2): 4-23 S.

BITTMANN, W. & B. FUGGER (1999): Reiseführer Natur Australien/Queensland, BLV Verlag, München 1999, 128 S.

Bundesministerium für Ernährung, Landwirtschaft und Forsten, Referat Tierschutz (1997): Gutachten über die Mindestanforderung an die Haltung von Reptilien, Bonn, 74 S.

BUSCH, M. (2007): Bartagamen. Eugen Ulmer Verlag, Stuttgart, 94 S.

COGGER, H.G. (2000): Reptiles & Amphibians of Australia, Cornell University Press, Ithaca, New York, 808 S.

- & E.E. Cameron & H.M. Cogger (1983): Zoological Catalogue of Australia, Volume 1, Department of Reptiles and Amphibians, The Australien Museum, Sydney, N S W.

DIECKMANN, M. (2007): Die Zwergbartagame. Natur- und Tierverlag, Münster, 64 S.

DREWES, O. (2005): Kompaktwissen Echsen. VIVARIA Verlag, Meckenheim.

DREWES, O. (2009): Kompaktwissen Agamen. VIVARIA Verlag, Meckenheim.

EHMANN, H. (1992): Encyclopedia of Australian Ainmals. Reptiles.-Angus & Robert son, Pymble/New South Wales, 495 S.

EISENBERG, T. (2003): Wie sollte eine fachgerechte Quarantäne durchgeführt werden? In: Reptilia (D) 8 (39): 66-71 S.

FITZGERALD, M. (1983): A note on water collection by the Bearded Dragon *Amphibolurus vitticeps*. Herpetofauna, Sydney, 2 (1): 93

FREYNIK, C. (2007): Die Zwergbartagame. VIVARIA Verlag, Meckenheim, 64 S.

FRYE, F.L. (2003): Reptilien richtig füttern, Datz Terrarienbücher, Verlag Eugen Ulmer, Stuttgart 2003, 127 S.

GREER A.E. (1989): The Biology and Evolution of Australian Lizards, Surrey Beatty & Sons Pty. Ltd., Chipping Northon, New South Wales, 264 S.

- (2006): Encyclopedia of Australian Reptiles. Australian Museum Online. http://www.amonline.net.au/herpetology/research/encyclopedia.pdf. Stand: 7. August 2006.

GRENARD, S. (1999): The bearded Dragon - An Owner's Guide to happy, healthy Pet, Howell Books House, New York, 128 S.

HAUSCHILD, A. (2000a): Die Bärtigen Drachen. In: Reptilia (D) 5 (25): 22-27 S.

- (2000b): Ein Evergreen: Bartagamen im Terrarium. In: Reptilia (D) 5 (25): 28-32 S.

- (2006): Die Bartagame. Natur und Tierverlag, Münster, 61 S.

HAUSCHILD, A. & H. BOSCH (2003): Bartagamen und Kragenechsen, Natur und Tier-Verlag, Münster, 95 S.

HENKEL, F.W. & W. SCHMIDT (1997): Terrarien - Bau und Einrichtung. Datz Terrarienbücher, Verlag Eugen Ulmer, Stuttgart, 168 S.

HENSEL, W. (2006): Was blüht denn da? Kosmos Verlag, Stuttgart, 128 S.

HOSER, R. (1997): *Pogona* – From an australian perspective. In: Reptilian Magazine (GB), 5 (2): 27-41 S.

- (2007): Wells and Wellington - It's time to bury the hatchet! Calodema Supplementary Paper, No. 1: 1-9.

JOHNSTON, G.R. (1979): The eggs, incubation, and young of the Bearded Dragon *Amphibolurus barbatus* Ahl 1926. Herpetofauna, Sydney, 11 (1): 5-8 *P. vitticeps.*

KLARSFELD, J.D. & O.D. FIGUEROA (2005): *Pogona henrylawsoni.* Ecology, Medical Findings, Captive, Maintenance, and Breeding of the Lawson's Dragon. In: Reptilia (GB) 38 : 30-37 S.

KOBER, I. & U. GEISSEL (2006a): Grundlagenwissen Terrarienbeleuchtung - - Ein Schlüssel zur erfolgreichen Haltung. In: Terraria (D) 1 (1): 6-16 S.

- (2006b): Welcher Typ passt zu mir? Die verschiedenen Lampen in der Terraristik. In: Terraria (D) 1 (1): 17-21 S.

KOHLMEYER, R. (2000): Verhalten und Interaktion meiner Bartagamen (*Pogona vitticeps*) im Terrarium. In: Reptilia (D) 5 (25): 33-38 S.

KÖHLER, G. (1996): Krankheiten der Amphibien und Reptilien. Ulmer Verlag, Stuttgart.

- (2004): Inkubation von Reptilieneiern - Grundlagen, Anleitungen, Erfahrungen. Herpeton, Offenbach, 254 S.

-KÖHLER, G. / GRIESSHAMMER, K. & N. SCHUSTER (2003): Bartagamen - Biologie, Pflege, Zucht, Erkrankungen. Herpeton, Offenbach; 190 S.

KOPPE, W. (2004): Infoblatt Schwarzerde - Bodenprofil, Entstehung und Verbreitung der Schwarzerde, Klett, Stuttgart

MANTHEY, U. & N. SCHUSTER (1992): Agamen. Terrarien Bibliothek, Münster, 120 S.

MÜLLER, H. D. (1998): Die australische Agame *Tympanocryptis tetraporophora* im Terrarium. elaphe, Heft 4/1998, S. 2-6

MÜLLER, P.M. (2002): Die Bartagame - Pflege und Zucht. Kirschner & Seufer Verlag Keltern-Weiler, 78 S.

- (2005): Bartagamen - die Gattung *Pogona* (Storr, 1982). In: Draco (D) 6 (22): 4-19 S.

- (2010): Bartagame. Die Gattung *Pogona.* Artgerechte Halung, Pflege und Zucht. Natur und Tier-Verlag, Münster, 167 S.

-. & R. KOHLMEYER (2005): Bartagamen-FAQ (Frequently Asked Questions). In: Draco (D) 6 (22): 28-37 S.

MÜLLER, V. (2005): Bartagamen. Bede Verlag, Ruhmannsfelden, 96 S.

NIETZKE, G. (1998): Die Terrarientiere, B. 2. Verlag Eugen Ulmer, Stuttgart, 366 S.

PIANKA, E.R. (1986): Ecology and nature history of desert lizards. Analyses of the ecological niche and community structure. Princeton University Press, Princeton, 208 S.

PALIKA, L. (2003): Leben mit Bartagamen, Natur und Tier-Verlag, Münster, 205 S.

PETHER, J. (1996): Bartagamen. In: Reptilia (D) 1 (1): 14-16 S.

QUINN A.E., GEORGES, A., SARRE, S. D., GUARINO F., EZAZ, T. & J. A. MARSHALL GRAVES (2007): Temperature Sex Reversal Implies Sex Gene Dosage in a Reptile, Science 316: 411

RAUH, J. (2004): Reptilienkauf - Worauf sollte man achten? In: Reptilia (D) 9 (45): 26-29 S.

RUF, D. (2005): Erfahrungen bei der Pflege und Vermehrung von Lawsons Zwergbartagame (*Pogona henrylawsoni* Wells & Wellington, 1985). In: Draco (D) 6 (22) 55-62 S.

SEEBACHER F. & C.E. FRANKLIN (2001): Control of heart rate during thermoregulation in the heliothermic lizard, *Pogona barbata*: importance of cholinergic and adrenergic mechanisms. Journal of Experimental Biology 204,

4361-4366.

SHEA, G. (1995): The holotype and additional records of *Pogona henrylawsoni* WELLS & WELLINGTON, 1985. - Memoirs of the Queensland Museum, 38 (2): 574 S.

SHEA, G.M. & A.S. SADLIER (1999): A Catalogue of the Non-fossil Amphibian and Reptile Type Specimens in the Collection of the Australian Museum: Types Currently, Previously and Purportedly Present. In: Technical Reports of the Australian Museum 15: 1-91 S.

STORR, G.M. (1982): Revision of the bearded dragons (Lacertilia: Agamidae) of Western Australia with notes on the dismemberment of the genus Amphibolorus, Records of the Western Australian Museum, 10 (2): 199-214 S.

TURNER, G. & R. A. VALENTIC (1998): Notes on the occurrence and habits of *Pogona brevis*. Herpetofauna (Sydney) 28 (1): 12-18 S.

VALENTIC R. A. (1995): Further instances of nocturnal activity in agamids and varanids Herpetofauna, Sydney, 25 (1): 49-50 S.

WELLS, R. W. & C. R. WELLINGTON (1983): A synopsis of the class Reptilia in Australia, Australian Journal of Herpetology, 1 (3-4): 73-129 S.

WELLS, R. W. & C. R. WELLINGTON (1985): A classification of the Amphibia and Reptilia of Australia, Australian Journal of Herpetology, Supplementary Series No 1: 1-61

Western Australian Museum (2007): http://www.museum.wa.gov.au/faunabase/_asp_bin/MapITcx.asp?d=Reptiles&t=Pogona%20henrylawsoni

WIECHERT, J. (2005): Bartagamen in der tierärztlichen Praxis. In: Draco (D) 6 (22): 74-82 S.

WILMS, T. (2001): Dornschwanzagamen - Lebensweise, Pflege, Zucht. Herpeton, Offenbach, 142 S.

- (2004): Terrarieneinrichtung - Grundlagen, Materialien, Methoden. Natur und Tier Verlag, Münster, 127 S.

- (2005): Vorstellung einer Gemeinschaftsanlage zur Haltung australischer Echsen im Reptilium Landau. In: Draco (D) 6 (22): 38-46 S.

WILMS, T. & K. GRIESSHAMMER (2005): Grundlagen der Haltung von *Pogona vitticeps*. In: Draco (D) 6 (22): 20-2 S.

WILSON, S. (2005): A Field Guide to Reptiles of Queensland. New Holland Publishers Pty Ltd, Frenchs Forest, 256 S.

- & D.G. Knowles (1988): Australia´s Reptiles. William Collins, Sydney, 477 S.

- & G. Swan (2003): Reptiles of Australia. Princeton University Press 480 S.

WITTEN, G.J. (1994a): Taxonomy of *Pogona* (Reptilia: Lacertilia: Agamidae). Memoirs of the Queensland Museum 37(1): 329-343 S.

- (1994b): Relativ growth in *Pogona* (Reptilia: Lacertilia: Agamidae). Mem. Queensland. Mus., Brisbane, 37(1): S. 345-356

- & Coventry (1990): Small *Pogona vitticeps* (Reptilia: Agamidae) from the Big Desert, Victoria, with notes on other *Pogona* populations. - Proc. Roy. Soc. Vic., Melbourne, 102: S. 117-120

Pogona henrylawsoni

STICHWORT-VERZEICHNIS

Fett gedruckte Seitenzahlen verweisen auf Abbildungen.

BILDQUELLEN-NACHWEIS

Zur Vereinfachung wird nachfolgend Seite mit „S.", Reihe mit „R.", oben mit „o.", unten mit „u.", links mit „li.", rechts mit „re." sowie und mit „+" abgekürzt.

Fotomontage Cover: *Pogona vitticeps* (Troidl, Angelika & Siegfried), *Pogona henrylawsoni* (Freynik, Christian), *Tympanocryptis tetraporophora* (Fritz, Peter)

Beitz, Thomas: S. 28 u.
Clanzett, Theo: S. 60 1. R. li.
Dahm, Wolfgang: S. 22
Dohse Aquaristik KG: S. 37, 39, 42, 43, 63
Drewes, Oliver: S. 28 o., 34, 60 4. R. re.
Freynik, Christian: S. 14 o., 27 o. + u., 40, 44, 56, 58, 70 o. + u., 73
Fritz, Peter: S. 6 u., 10, 18 o., 66 o. + u.
Hofmann, Thomas: S. 60 4. R. li.
Junghölter, Natascha: S. 1, 25, 60 1. R. re. + 2. R. li. + re + 3. R. li.
Klages, Jan: S. 14 u., 15 u., 16 u.
Kleinhans, Simon: S. 6 o.
Nieft, Sandra: S. 54 o.
Reichert, Michael: S. 38, 50
Schiessl, Wolfgang: S. 16 o.
Schiffer, Patrick: S. 57
Vitakraft-Werke: S. 5
Wiese, Frank: S. 54 u.
Wollbrandt, Tobias: S. 12, 77
Zurloh, Silvia: S. 47, 60 3. R. re.

DANKSAGUNG

Die Autoren bedanken sich vor allem bei den im Bildquellennachweis genannten Firmen und Personen für ihre freundliche Unterstützung mit Bildmaterial. Dem Zoo Wilhelma, Stuttgart wird gedankt, das auf Seite 28 oben abgebildete Foto, dem Serptentarium Blankenberge, Belgien, das auf Seite 34 abgebildete Foto veröffentlichen zu dürfen. Rudolf Wickert und Bernd Eidenmüller gilt Dank für ihre wertvollen Informationen, Ingo Kober für seine Tipps zur temperaturspezifischen Inkubation von *Pogona henrylawsoni*. Besonders großer Dank für das Fachlektorat dieses Buches gebührt Peter Fritz. Zusammen mit Thomas Ackermann hat er bereits 2006 seine eigenen Haltungserfahrung mit *Tympanocryptis tetraporophora* beschrieben.

Pogona henrylawsoni

DIE AUTOREN

Christian Freynik, geboren 1982 in Berlin, beschäftigt sich seit mehreren Jahren mit der Pflege von Terrarientieren. Schon als Kind stellten Dinosaurier seine Leidenschaft dar, bis er schließlich seine ersten Erfahrungen in der Terraristik mit Reptilien der Gattungen Uta und Takydromus sammelte. In den letzten Jahren galt sein Interesse der Haltung der Zwergbartagame *Pogona henrylawsoni*. Neben seiner Arbeit in einem Apple-Computer Fachgeschäft fotografiert er leidenschaftlich gerne und pflegt seine Internetpräsenz.

Auch Oliver Drewes, geboren 1970 in Haan, begeistert sich seit frühestem Kindesalter für die Zierfisch- und Terrarientierhaltung. 1999 machte er sein Hobby zum Beruf und arbeitet seitdem in einem Traditionsunternehmen der Heimtierbranche. Als Prokurist kümmert er sich schwerpunktmäßig um den Ausbau des Terraristiksegments. Privat pflegt er verschiedene Terrarientiere und Malawi Buntbarsche. Oliver Drewes arbeitete als Autor für den Wachtberg sowie den Gräfe & Unzer Verlag. 2005 gründete er den VIVARIA Verlag.

KOMPAKTWISSEN AGAMEN porträtiert ausführlich und großzügig bebildert, ergänzt durch einen umfangreichen Allgemeinteil über Pflege, Ernährung und Terrariengestaltung, die beliebtesten Agamenarten.
Drewes, O.: 288 S., 348 Abb., 1. Auflage 2009, ISBN 978-3-9810412-5-5

DIE CHINESISCHE BERGAGAME stellt die beliebte Art *Japalura splendida* vor. Für herausragende Zuchterfolge wurde die Autorin 2004 mit dem Alfred-A.-Schmidt-Preis ausgezeichnet.
Laue, E.: 96 S., 48 Abb., 1. Auflage 2007, ISBN 978-3-9810412-2-4

KOMPAKTWISSEN TAGGECKOS beschreibt die beliebtesten Phelsumenarten. Für alle, die sich auch für andere Arten als *Phelsuma madagascariensis grandis* interessieren.
Drewes, O.: 96 S., 90 Abb., 1. Auflage 2006, ISBN 978-3-9810412-1-7

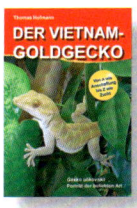

DER VIETNAM-GOLDGECKO befasst sich mit Haltung, Pflege, Ernährung und Zucht der in den letzten Jahren immer öfter angebotenen Art *Gekko ulikovskii*.
Hofmann, T.: 64 S., 48 Abb., 1. Auflage 2007, ISBN 978-3-9810412-9-3

DAS JEMENCHAMÄLEON vermittelt Grundlagen der Haltung sowie Basiswissen über Klimaansprüche, Pflege und Ernährung der beliebten Art *Chamaeleo calyptratus*.
Esser, S. / Drewes, O.: 64 S., 36 Abb., 1. Auflage 2009, ISBN 978-3-9810412-8-6

KORNNATTERN UND IHRE FARB- UND ZEICHNUNGSVARIANTEN gibt nach Darstellung der allgemeinen Haltungsgrundlagen tiefen Einblick in das Thema Auswahl- und Mutationszucht.
Glaß, M.: 144 S., 148 Abb., 1. Auflage 2007, ISBN 978-3-9810412-6-2

DAS TROCKENTERRARIUM UND SEINE BEWOHNER beschreibt den je nach Art der Einrichtung als Wüsten-, Steppen-, Savannen- und Felsterrarium bezeichneten Terrarientyp und porträtiert die dafür beliebtesten Tierarten.
Drewes, O.: 96 S., 104 Abb., 1. Auflage 2010, ISBN 978-3-9813176-0-2

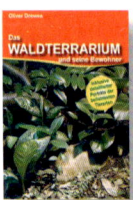

DAS WALDTERRARIUM UND SEINE BEWOHNER beschreibt den auch als halbfeucht- oder halbtrocken bezeichneten Terrarientyp und porträtiert die dafür beliebtesten Tierarten.
Drewes, O.: 96 S., 116 Abb., 1. Auflage 2010, ISBN 978-3-9813176-1-9

DAS REGENWALDTERRARIUM UND SEINE BEWOHNER beschreibt den auch als Feucht- oder Urwaldterrarium bezeichneten Terrarientyp und porträtiert die dafür beliebtesten Tierarten.
Drewes, O.: 96 S., 115 Abb., 1. Auflage 2010, ISBN 978-3-9813176-2-6

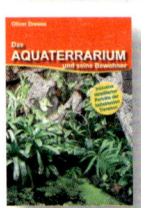

DAS AQUATERRARIUM UND SEINE BEWOHNER beschreibt den in Sumpfterrarium (Paludarium) oder Uferterrarium (Riparium) unterschiedenen Terrarientyp und porträtiert die dafür beliebtesten Tierarten.
Drewes, O.: 96 S., 104 Abb., 1. Auflage 2010, ISBN 978-3-9813176-3-3

ARTEMIA – DER URZEITKREBS beschreibt die interessante Überlebensstrategie und erfolgreiche Aufzucht der nicht nur als Fischfutter interessanten Krebsart.
Drewes, O.: 64 S., 38 Abb., 1. Auflage 2007, ISBN 978-3-9810412-7-9